工程招标投标实战博弈丛书

# 高质量工程招标案例解析
## ——面向全过程工程咨询

吴振全　主编
张建圆　刘　芳　副主编

中国建筑工业出版社

**图书在版编目（CIP）数据**

高质量工程招标案例解析：面向全过程工程咨询 / 吴振全主编；张建圆，刘芳副主编 .— 北京：中国建筑工业出版社，2023.4

（工程招标投标实战博弈丛书）

ISBN 978-7-112-28385-9

Ⅰ . ①高… Ⅱ . ①吴… ②张… ③刘… Ⅲ . ①建筑工程—招标—案例 Ⅳ . ① TU723

中国国家版本馆 CIP 数据核字（2023）第 033294 号

本书立足于工程招标固有本质与内在特性，以用65个案例，分别从招标策划、交易监管、服务转型、招标组织、招标文件编审等方面进一步诠释了高质量工程招标的价值内涵。书中“案例背景”反映出当前招标组织与管理所面临的典型问题；“案例分析”侧重剖析问题根源，提出有效对策；“案例启示”则举一反三，展现出更具前瞻性的问题解决思路；而“延伸思考”则旨在更加深刻地探寻高质量工程招标内在规律。

本书突出了招标在项目建设全过程中所发挥的重要作用，是新时代面向全过程工程咨询工程招标与项目管理的最佳实践与重要参考资料。

责任编辑：徐仲莉　王砾瑶
责任校对：孙　莹

工程招标投标实战博弈丛书
**高质量工程招标案例解析**
——面向全过程工程咨询
吴振全　主编
张建圆　刘　芳　副主编
*
中国建筑工业出版社出版、发行（北京海淀三里河路 9 号）
各地新华书店、建筑书店经销
北京蓝色目标企划有限公司制版
北京君升印刷有限公司印刷
*
开本：787 毫米 ×960 毫米　1/16　印张：10½　字数：183 千字
2023 年 5 月第一版　　2023 年 5 月第一次印刷
定价：**65. 00** 元
ISBN 978-7-112-28385-9
（40817）

# 前　言
# Preface

20世纪80年代中后期，我国开始探索建立招标投标交易机制，虽已历经多个发展阶段，但目前仍以程序性做法为主，立足招标本质实现交易效能提升的做法不多。特别是在改善建设项目管理、调整建设事务内在联系、提升交易履约效能以及促进建设资源配置成效等方面尚未发挥其应有的作用，其根源在于有关各方对工程招标的认知不够深刻，借助工程招标改善建设项目实施成效的意识尚未形成。

工程招标具有强制性、程序性、缔约性、时效性及竞争性的本质特征，从而决定了其在建设项目管理中拥有很大的潜能，在建设市场交易活动中发挥着举足轻重的作用。2021年，主编作者曾出版专著《高质量工程招标指南》，该书对高质量工程招标做了详尽的阐述，认为高质量工程招标是以提升缔约质量、增强交易效能为出发点，通过监管制度创新、管理过程优化和服务效能提升来实现建设领域资源配置效益的最大化和效率的最优化。其中，“管理协同”思想是高质量工程招标的根本遵循，“三维管理”理念是其理论依据。推行高质量工程招标就要充分发挥行政监管引导作用、建设管理协同作用和中介咨询服务支撑作用。工程招标的高质量发展，在宏观层面是指广大招标代理机构所提供的服务供给处于均衡状态，达到对项目建设监管和管理的有力支撑；在中观层面是指招标代理机构所提供的服务能够围绕建设管理紧密协同，构建了系统化的服务体系；在微观层面则是指代理服务效能处于较高水平，形成了多样化的服务特色。本书是《高质量工程招标指南》的姊妹篇，主要以案例解析进一步诠释高质量工程招标的内涵，为面向全过程工程咨询的招标代理服务提供借鉴。

推行高质量工程招标是落实市场化改革要求、优化监管体制机制的需要，也是从市场交易内在规律出发、科学推进建设项目管理的需要；更是立足创新驱动、加快推进咨询服务转型发展的需要。推行高质量工程招标有利于破解当前建设领域存在的日益增长的高品质建设需要与行政监管、建设管理和建设服务能力不足之间的矛盾，加速建设市场交易质量、效率和动力的变革。

本书共8章，主要以65个案例解析的方式呈现，直观揭示建设项目招标实践中存在的典型问题。案例解析与案例启示旨在提炼、总结市场交易理论方法，进一步阐释高质量工程招标的本质内涵。对案例进行解析后又进行了更深刻的延伸思考，以唤起读者思想上的碰撞，从全新视角看待工程招标。

为更加直观、清晰地揭示高质量工程招标的组织与管理规律，部分案例背景描述在不影响实践真实性与科学性的前提下做了适当简化。由于建设工程实际情况十分复杂，案例解析是结合项目某一时期实际情况做出的策略性判断，而非唯一答案，实践中更多工程招标问题仍需广大同业者结合工程实际情况去破解。此外，受限于知识的完备性及专业认知，部分观点或有待进一步考证与完善，部分内容或存在疏漏与不足，望广大同业者不吝指正。对于本书中的问题，读者也可以发送邮箱：wuzq_2022@qq.com与作者一同探讨。

# 目　录

# Contents

# 案例索引

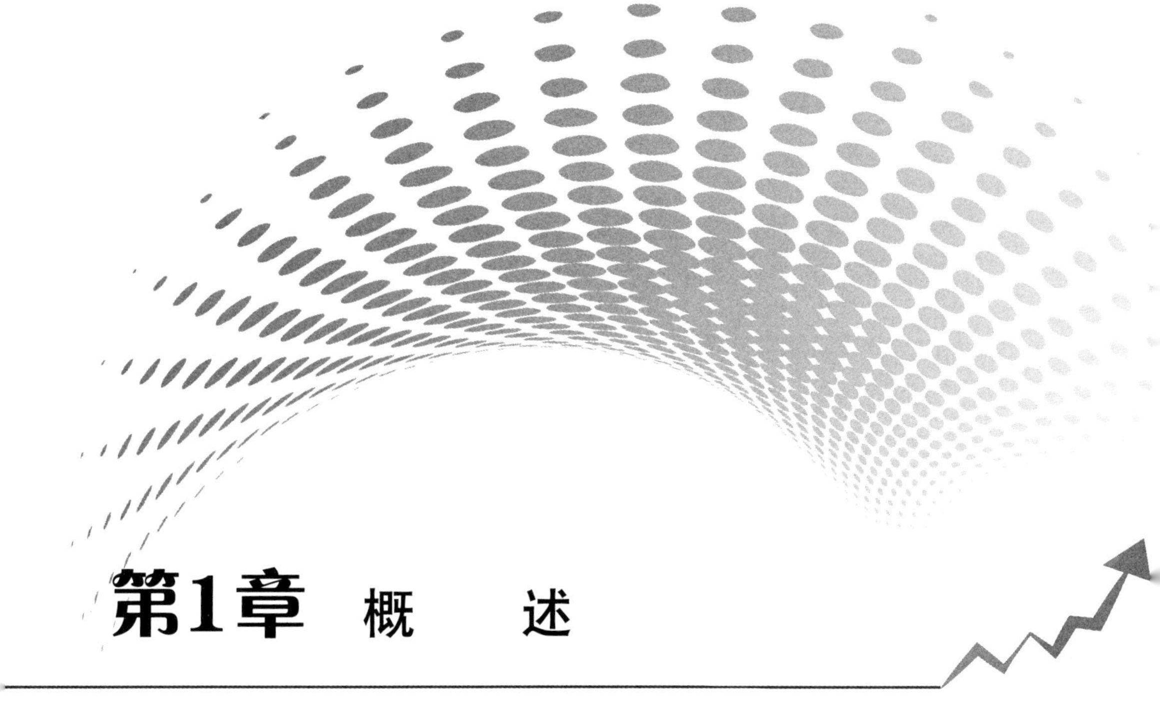

# 第1章 概　　述

# 1.1　高质量工程招标内涵

2012年，党的十八届三中全会对我国全面深化改革做出重要部署，提出经济体制改革是全面深化改革的重点。在建设领域，工程招标投标机制在落实市场化改革要求、助力高标准市场体系实现中发挥了至关重要的作用。当前，我国正处于改革攻坚阶段，要推进工程招标高质量发展，以便于更好地激发市场主体活力，释放交易潜能，确保市场资源配置效能最大化和效率最优化。行政主管部门的监管能力、建设单位的管理能力以及参建单位的服务能力，构成了工程建设高质量发展的三大能力。推行高质量工程招标，就要充分发挥行政监管引导作用、建设管理协同作用和中介咨询服务支撑作用。工程招标的高质量发展，在宏观层面是指广大招标代理服务供给处于均衡状态，达到对项目建设监管和管理的有力支撑；在中观层面是指招标代理服务能够围绕建设管理紧密协同，构建了系统化的服务体系；在微观层面则是指代理服务效能处于较高水平，形成了多样化的服务特色。

1.建设领域深化改革的基本逻辑

建设领域的改革政策大致可分为规划综合改革、优化监管机制、调整市场主体和营造市场环境四类。总体来看，改革已历经多年，从最初明确市场对资源配置的决定性作用及更好地发挥政府作用，到后来强调创新资源配置方式及推进要素市场化等。当前，正努力通过建设全国统一的大市场构建高标准市场体系，确保建设领域高质量发展迈向新阶段。具体来看，一方面，改革面向行政监管机制优化，持续将“放管服”引向深入，在建设领域推行建设项目审批制度改革。在依法治国过程中，着力打造与发展相适应的法律体系。不断加强以信用为基础的新型监管机制建设，推行部门联合的“双随机、一公开”模式，强化事中、事后监管等。另一方面，改革面向市场主体，贯彻新发展理念，以“供给侧结构性”改革为主线，强化建设主体责任，推行全过程工程咨询，提倡工程总承包模式。鼓励全面创新，着力提升供给服务效能。在建设领域，改革就如何提升建筑品质及促进健康发展做出安排。着力优化营商环境，减少政府对市场的干预。通过建立统一的公共资源交易平台促进资源共享利用。加快一体化建设领域在线服务平台建设，完善信用监管体系，营造公开、透明市场环境。广泛推行新技术应用，加速建设领域数字化转型进程等。

综上所述，自2012年国家确立全面深化改革总体思路以来，重点针对监管机制、市场主体和市场环境实施了一系列卓有成效的举措。一是建立健全宏观经济治理体系，确保对需求的总体把握，充分发挥行政监管引领作用，以“放管服”为抓手，厘清了政府与市场的关系。二是立足市场主体，推行“供给侧结构性”改革。从供给端发力，与“放管服”改革协同。三是实施以“优化营商环境”为代表的环境改革和信息技术变革，通过数字化转型助力高质量发展。这对改善“供需”循环起到催化作用，实现了“需求牵引供给、供给创造需求”的良好效果。

2.高质量工程招标的内涵

（1）**高质量工程招标的内涵。**高质量工程招标的内涵可以从三个层面理解：一是立足破解工程招标投标领域主要矛盾，坚持行政监管在推进领域深化改革中的引领作用。二是从工程招标固有本质出发，发挥其在项目建设中的核心作用，通过实施科学管理以确保交易效能提升，全面构建基于合同约束力的项目管控体系和以建设单位为中心的项目管理协同体系。三是通过在行政监管、过程管理及招标代理服务等各方面的方法与手段创新，推动实现质量、效率、动力的变革。

高质量工程招标的核心是工程招标领域行政监管、建设管理和咨询服务能力的提升。结合全面深化改革要求，推进工程招标高质量发展的基本思路为：立足“放管服”改革优化监管机制，以促进建设单位权利回归。以此为基础，引导建设单位对建设项目开展科学管理，驱动招标代理服务转型创新，实现工程招标领域服务供给能力的提升。进一步地，通过优化营商环境改革，激发市场主体活力、促进工程招标效能显现。充分依托新技术与数字化转型过程加速业态变革，促进工程建设领域交易效能提升。由此可见，高质量工程招标是通过行政主管部门、建设单位和招标代理机构等各有关方面协同发力所构建形成的一种高水平市场交易体系，具体做法详见表1。

**高质量工程招标具体做法一览表** **表1**

| 具体做法 | 相关说明 |
|---|---|
| 明确定位、发挥重大作用 | 立足工程招标本质特征与潜能，确立其在营造项目全过程管理主动局面的重要地位，发挥其在管理策划落地方面的关键作用 |
| 为监管提供有力支撑 | 探索有效监管路径，完善法律体系，确立新时代市场主体信用特征，加强全过程工程咨询、工程总承包等新型标的交易监管，建设保障体系等，改善监管模式等多方面提升监管效能 |

续表

| 具体做法 | 相关说明 |
|---|---|
| 引导服务快速转型发展 | 通过咨询方法创新，拓展服务范围，实施精细代理服务，应用新型组织模式与数字手段，以及引导代理服务与其他咨询充分融合等方式实现转型升级 |
| 科学做好招标管理策划 | 确立新时代建设单位角色定位，以实现其项目管理利益和诉求为中心，科学制定项目招标管理方案，营造建设项目管理积极局面，提升工程招标管理效能 |
| 精细安排工程招标活动 | 推行精细化招标组织与管理过程，分析影响工程招标品质的因素，扎实做好工程招标相关准备，通过代理服务与管理评价改进招标组织效能 |
| 定制招标过程文件 | 明确编审原则，统一编审思路，依据项目实际情况，定制招标过程文件。将管理要求纳入招标过程，打造满足“管理协同”要求的招标过程文件体系 |
| 解决问题、化解重大风险 | 着力解决招标组织与管理重大风险问题，针对实现卓有成效的高质量工程招标提出管理方案与应对措施 |
| 持续改进交易体系 | 确保行政监管、建设管理及代理服务联动协同，从招标管理策划、精细化招标活动组织、定制过程文件、解决关键问题、防范风险的全过程，通过实施招标管理及服务评价等方式持续改进交易体系 |

(2) **高质量工程招标典型特征。**高质量工程招标具有若干典型特征：一是多层次，强调行政主管部门、建设单位及招标代理机构共同作为实现高质量工程招标的主体。二是系统化，将行政监管、建设管理及代理服务三者有机结合，并使之联动协同，回答了在招标投标交易中政府与市场的关系问题，使得招标投标交易形成完整的运行体系。三是有价值，在监管引导下，市场主体潜能得以释放，主体活力得以彰显。通过有针对性和品质化的优选过程实现了资源配置效能的最大化。四是高效率，随着以《中华人民共和国招标投标法》（以下简称《招标投标法》）为首的招标投标法律体系不断完善，借助信息化与新技术改进交易过程，有效防范和化解风险，实现了资源配置效率的最优化。

3.高质量工程招标的依据

建设项目管理中的“管理协同”思想是高质量工程招标的根本遵循，主编作者曾在《高质量工程招标指南》一书中做过详细阐述。所谓“管理协同”是指各参建单位以建设单位为中心，对其实施的管理工作全面协作的过程。其核心是对建设单位的管理支撑，其方式是在其管理下的相互配合，其优势是摒弃了各参建单位利益本位。在协同条件下，各单位优势互补并形成合力。“管理协同”的内涵就是确保以建设单位为中心、各参建单位与之有效协同关系的形成，这也是高质量工程招标的核心目标与方向。

建设项目“三维管理”理念是高质量工程招标的理论依据，主编作者同样在《高质量工程招标指南》一书中做过详细阐述。一般而言，建设管理知识领域可划分为三个维度领域群。第一即“过程”维度，是从建设项目管理实施过程视角对一系列管理领域的归集；第二即“要素”维度，是从建设项目管理目标与实施效果视角对一系列管理领域的归集；第三即“主体”维度，是从建设项目各相关参建单位管理视角对一系列管理领域的归集。从实践来看，三个维度共计数十个管理知识领域，涵盖建设管理所有内容。高质量工程招标就是通过交易过程落实上述三个维度领域群的管理要求，助力实现各领域管理目标，打造基于合同约束力的管控体系。

4.深化改革的助推作用

（1）**“放管服”改革助推作用**。通过“需求端”改革发力，凭借工程建设项目“审批制度改革”举措，明确了工程招标监管具体思路。法律体系修订完善、示范文本体系更加健全。监管裁量权得以统一，监管保障体系得以加强，形成了以信用为基础的新型监管机制。树立了市场主体信用新特征，确立了更加科学的交易监管模式，促进了以建设单位为代表的招标人权利的回归，使其比以往更加关注项目管理利益诉求的实现。此外，还强化了依托管理策划实施系统项目治理过程，这有助于构建以建设单位为中心的管理协同体系。工程招标将更加聚焦于政府投资管控和参建单位履约等重点方面，实现了对工程总承包、全过程工程咨询等新型标的及其他专业领域交易监管的全覆盖。

（2）**“供给侧结构性”改革助推作用**。通过“供给端”改革发力，驱动招标代理机构创新，加快推进代理服务转型进程，着力实现“招标代理+”的全过程工程咨询服务。招标代理机构比以往更加注重过程文件编制质量，树立了以招标人为中心的服务理念，为建设单位提供更加周密的建设管理伴随服务。同时，重视咨询理论方法提炼，采取必要措施提升招标组织效率。通过努力打造核心竞争力，建设高质量现代企业治理体系，推进企业转型发展进程。实现了对行政监管和建设管理的有力支撑，打通了建设高标准市场体系的新途径。

（3）**“优化营商环境”改革助推作用**。通过“市场环境端”改革发力，建设更加高效、便捷的交易平台，公共资源共享更加充分。消除了交易壁垒，公开、透明的市场环境得以营造，公平、有序竞争得以彰显。工程招标监管机制逐步优化，为招标代理机构发展提供了广阔的空间。引导建设单位实施更加多元的建设管理策划，充分展现优选效能。从深层看，更多市场主体参与竞争，也促进了交易主体间的相互作用，建设项目对高质量工程招标的依赖进一步增强。

(4)**“数字化转型”变革助推作用**。工程招标“数字化转型”是指在工程招标监管、招标管理及代理服务中，运用互联网及新一代信息技术构建招标投标数据采集、传输、存储、处理和反馈的完整闭环，以实现方法、模式的创新过程。通过信息化与新技术变革确保项目建设与招标投标交易更加协调。立足招标投标交易数字化建设，促进监管、交易和服务深度整合，重构招标代理服务价值链、供应链和技术链，确保建设交易跨阶段服务需求得以良好满足。

充分发挥数字监管引领作用，实现监管服务便利化。发挥数字项目管理支撑作用，实现招标管理科学化。发挥数字咨询服务协同作用，实现代理服务品质化，高质量工程招标展现出更加强大的效能。作为我国市场交易的法定方式，深化改革驱动了高质量工程招标的实施进程，为工程招标明确了发展方向，提供了发展环境，促进招标投标交易回归初衷，确保其在建设项目中发挥更大的作用。高质量工程招标必将成为我国建设现代化经济体系中卓有成效的举措。

## 1.2　高质量工程招标实践与再认识

2008～2018年的十年间，笔者有幸参与了多个超大型政府投资建设项目招标代理和项目管理咨询服务工作。这些建设项目是极其复杂的，类型也比较丰富，包括酒店、办公楼、市政园林及大型公立医院等。在项目推进过程中，笔者曾遇到诸多困难，也承受了不小的压力。多年来，基于实践，坚持总结思考，形成了丰富的观点。2019年以后，将这些观点进行集中整理，最终形成了比较系统的方法论，这些源自实践又指导实践的方法论指引着后来的招标实践工作。

2021年，主编作者所著的《高质量工程招标指南》正式出版。该著作以建设领域深化改革为背景，从行政监管、建设管理和咨询服务三视角对高质量工程招标组织与管理做了详尽的阐述，深刻揭示了招标活动固有本质与内在特征，梳理了发展中存在的问题，凝练出大量的咨询理论方法。摒弃招标活动一贯程序化做法，重点突出其在实现建设项目管理策划、推进项目建设中所发挥的实体性作用，系统诠释了工程招标丰富的价值内涵，科学回答了全过程项目管理与工程招标的关系问题。该书侧重建设领域市场交易理论的阐释，思想是比较深邃的。

为了帮助广大同业者更加直观、深刻地理解高质量工程招标，笔者整理了若干典型案例，模拟项目实战场景。本书在《高质量工程招标指南》思想理论的基础上，进一步通过案例解析、启示并以拓展思考的方式，揭示了工程招标内在规律，力求阐明典型案例反映出的工程招标典型问题及处理策略，可供广大同业者在招标实践中参考运用，增强驾驭复杂项目局面的能力。

本书立足工程招标本质特征，从诠释工程招标内涵出发，阐述了高质量工程招标的各个方面，继承了《高质量工程招标指南》的思想脉络。在主旨上，以“管理协同”思想为根本遵循，以“三维度管理”为理论依据，以建设项目招标管理为主线，沿着行政监管、建设管理和咨询服务三视角展开。其中，前3章为第一部分，旨在说明工程招标在建设项目实施与管理中的定位，强调其在建设项目中的重要作用，帮助读者树立面向建设项目工程招标管理的全局理念；第4、第5章为第二部分，重点围绕招标投标交易监管和招标代理服务展开，剖析高质量工程招标发展环境营造及招标代理服务转型问题；最后3章为第三部分，聚焦建设项目招标管理全过程，分别从活动组织、文件编制和重点难题问题处置等方面，为推进高质量工程招标做出示范。

用案例方式表述高质量工程招标是直接的，但实践所反映出的某些问题及处置方式可能仍与高质量工程招标理想做法存在距离，但这恰恰是基于循序渐进解决问题的考虑。各章延伸思考旨在抛砖引玉般唤醒读者的觉悟，探寻工程招标复杂问题的根源。高质量工程招标是促进建设领域高质量发展、推动招标投标交易改革的必由之路，唯有此，才能提升新型监管效能，增强科学管理水平，强化服务创新能力，加速我国高标准市场体系及现代化经济体系建设进程。

# 第2章　工程招标地位与作用

## 导读

实践中，某些建设项目招标人未能深刻意识到工程招标在建设项目实施与管理中所发挥的真正作用。究其原因是多方面的，缺乏对于工程招标固有本质与内在特性的理解是根本原因之一。不能抓住本质就无法洞悉工程招标的内涵，也就无法依托工程招标提升项目建设实施与管理效能，更谈不上释放交易潜能。

本章共有7个案例，旨在让读者认清工程招标固有本质与内在特性。法律对工程招标各方面有着明确的规定，这些规定反映出来的背后规律十分重要。为了加深读者对招标人角色的认知，明确招标人在工程招标组织与管理中的地位，本章案例主要围绕招标人享有的法定权利、义务和责任展开讨论，这是高质量工程招标组织的出发点。此外，本章通过引入专业项目管理机构实施项目管理的模式，强调了招标管理的专业性和重要性。通过项目管理咨询机构与招标代理机构分工配合，明确高质量工程招标更加科学的组织模式。最后，本章对工程招标中建设单位的角色定位做出延伸思考，旨在让读者认清建设单位的性质，这有利于更好地把握项目管理的总体局面。

要想使工程招标在建设项目中真正发挥作用，需要各参建单位的共同努力，需要全面树立高质量工程招标的思想观念，而根源恰恰在于招标人，因其在建设项目中有着比其他各参建单位更加强烈的管理利益诉求。通过本章学习，希望读者能够明白何为招标人，为何招标人及其组织招标的成败决定了建设项目的局面，以及为何唯有实施高质量工程招标才能激发建设领域市场交易主体的能动性，并最终确保建设领域深化改革取得既定成效。

# 2.1 案例解析



## 2.1.1 工程招标本质与作用

### 案例1 认清招标本质，实现有价值的服务

面对竞争日益激烈的服务市场，某招标代理机构谋求转型发展，拟对传统"程序性"服务做出变革。具体做法包括：围绕建设工程开展合同咨询，向上游拓展服务链条等，以突出工程招标在建设项目中所发挥的重要作用。于是，通过培训方式强化员工对工程招标的认识，旨在从根本上增强员工业务能力。该企业为员工设置了培训课程，内容主要涉及招标投标法律体系及相关业务知识。培训对象是所有从事招标代理业务的人员。此外，考虑到工程建设领域"放管服"改革要求，行政主管部门针对交易监管出台了一系列"新规"。为使培训更具针对性，企业负责培训的部门专门把"新规"汇编成册，并借此培训开展宣贯。培训结束后，企业以问卷调查方式听取员工的培训反馈。大家仍普遍认为招标代理业务就是依据法律法规规定及政策要求代招标人组织招标活动、履行招标程序的过程，而对招标代理服务有什么价值，以及何谓"以招标人为中心"的服务宗旨并不清楚。

**案例问题**

问题1：为什么说认清招标本质对提升招标代理服务能力有帮助？

问题2：该招标代理机构面向转型发展所安排的课程体系是否合理？有关招标代理从业人员培训应重点提升哪些方面的能力？

**案例解析**

解析问题1：招标活动固有本质是指能够概括与揭示招标活动所具有的最根本、最直接的属性。虽然项目属性各异，招标活动类型不同，但均具有统一的本质特征。无论招标活动表象如何，均可理解为是其固有本质的体现。可以

说，对本质的理解是处置招标问题、开展代理服务的关键。招标活动至少有五个方面的本质特征，即强制性、缔约性、程序性、时效性以及竞争性。招标活动的内在特性就是通过上述本质特征呈现出来的。掌握和了解内在特性有利于更好地组织招标，也有利于科学实施招标管理。

深入领会招标活动本质同样有利于更好地总结提炼招标代理服务咨询方法，并由此实现招标代理服务创新；也有利于更好地满足行政主管部门针对招标活动的一系列行政监管要求，实现以建设单位为中心的管理协同与全面配合服务，提升并增强招标服务的质量与效能。招标代理机构通过持续的服务积累，形成自身发展特色，获取服务价值与核心竞争能力。在谋求高质量发展的同时，最终实现企业转型发展。

解析问题2：案例中，该企业安排的培训课程并不科学，仅围绕法律法规与政策体系展开培训是不全面的。诚然，这种培训能够加深员工对于招标活动组织及行政监管要求的认识。但在建设领域深化改革背景下，面对高质量发展要求，仅开展法务培训对提升服务能力、改善服务效能的作用十分有限。工程招标涉及多学科领域知识体系，包括公共管理学、法学、经济学、工程学、管理学、企业商务及多种人文与社会科学等。当前，新时代赋予工程招标在构建高标准市场体系中所发挥的重要作用，为此，有必要针对招标代理人员安排更加丰富的培训课程。针对不同领域、不同能力层次的招标代理服务人员实施差异化培训。当然，课程体系安排的核心是围绕工程招标本质，突出其在建设项目中所发挥的重要作用，加深员工对招标代理业务内涵的理解。招标代理机构从工程招标本质出发，立足业务实践，不断总结提炼咨询理论方法和积累业务资源。只有围绕这些咨询理论方法和业务资源对从业人员开展培训，才能从根本上提升其业务能力。

案例启示：招标代理机构提升服务价值、增强服务效能仍有很长的路要走，绝非1～2次培训就能达到。企业坚持创新驱动战略，鼓励员工立足项目实践、加强总结提炼，并不断积累业务资源，营造创新氛围，搭建良好发展环境条件，以发展全过程工程咨询服务为契机，大力探索咨询模式变革，注重面向实践提升团队人员业务能力。

## 案例2 工程招标，不只是“走程序”

某大型公立医院迁建项目，医院方作为建设单位且是事业单位性质。在招标代理机构组织施工总承包招标过程中，其向招标人提交了招标文件初稿。初稿基于相关行政主管部门发布的标准文本编制。作为招标人的建设单位在补充少量必要项目信息后便对招标文件组织备案，并向投标人发放，随即组织完成了施工总承包招标活动。

在施工总承包单位进场前夕，建设单位又委托项目管理咨询机构准备代其开展施工管理。项目管理咨询机构的项目负责人仔细研究了建设单位与施工总承包单位签订的合同后，认为内容过于简单且未结合项目特点定制合同条款。在征得建设单位同意后，项目管理咨询机构安排专业人员又对合同内容进行详细分析，并最终梳理出各类遗漏、差错数十项。项目管理咨询机构向建设单位表示：这些遗漏、差错内容必将对未来合同履约造成负面影响，并成为施工管理面临的重大风险隐患。

为对项目施工实施科学管理，从源头切断上述风险隐患，项目管理咨询机构会同建设单位组织施工总承包单位就所签订的合同进行谈判。施工总承包单位起初就项目管理咨询机构梳理出的合同遗漏、差错内容不予理睬，并坚持要求按原合同约定执行，但迫于项目管理咨询机构的强烈要求，最终不得不与建设单位达成一致，拟订了一份修复上述遗漏、差错内容的《补充协议》。该协议重点细化了价款调整内容的约定，并针对施工管理增加了大量的管理条款。当建设单位将《补充协议》送交行政主管部门备案时，行政主管部门经办人却以法律规定的“招标人和中标人不得再行订立背离合同实质性内容的其他协议”为由拒绝备案。无奈之下，建设单位只得与施工总承包单位执行未经备案的《补充协议》。好在后期双方均严格履行《补充协议》的约定，项目进展也比较顺利。建设单位及其委托的项目管理咨询机构针对本项目造价、进度、质量、安全的管控成效十分显著。

### 案例问题

问题1：项目管理咨询机构出于科学管理需要，希望将有关针对施工总承包单位的管理要求纳入《补充协议》，并会同建设单位与施工总承包单位重新谈判的做法是否妥当?

问题2:建设单位与施工总承包单位私下签订了改变原合同实质性内容的《补充协议》,涉嫌违反《招标投标法》的规定,这个责任应该由谁来承担?

问题3:针对该项目后期管理,正确做法是什么?工程招标"非程序性"的一面带给我们什么启示?

## 案例解析

解析问题1:项目管理咨询机构出于管理需要,仔细阅读施工总承包合同并梳理有关风险的做法是专业且合理的,其会同建设单位就原施工总承包合同存在的问题进行必要完善也是可以理解的。但由于《招标投标法》第四十六条规定,即按照招标文件和中标人的投标文件订立书面合同。招标人和中标人不得再行订立背离合同实质性内容的其他协议。因此,其组织签订违背招标合同实质性内容的《补充协议》是违法的。

解析问题2:造成这样的局面,建设单位应承担主要责任。实践中,招标代理机构依照《招标投标法》为首的法律体系规定为招标人组织招标活动、代其履行招标程序,其有义务就缔约活动专业性和将后期合同履约可能出现的重大风险做出预测并告知招标人,就招标过程文件编制向招标人提出合理化建议。建设单位出于自身管理考虑,更应认识到招标环节在建设项目管理中的重要性,即一旦缔约完成,合同对于双方具有约束力,若自身管理利益在缔约中未予以保障,则失去了谋求主动管理的时机。

解析问题3:针对本案例局面,项目管理咨询机构应围绕项目特点,尤其是在正式介入管理前,应仔细研究施工总承包合同,梳理项目风险点。一方面,项目管理咨询机构在正式开展管理后应尽可能多地掌握项目信息,分析项目重点难点问题,尤其针对未来施工阶段可能遇到的重大风险提出系统解决方案。另一方面,对其受托前项目实施已造成的不良后果予以评估,采取必要措施扭转被动局面,将损失降到最低。

案例启示:项目招标过程并非只是程序性的,但也正是程序性本质决定了招标过程的一次性、不可逆性,作为招标人在开展建设项目招标管理中,必须充分抓住缔约时机,有针对性地分析和预测项目履约风险,系统部署管理要求,调整好建设单位与各参建单位的管理关系。

案例教训是深刻的，该案例情形在实践中普遍存在。我们提倡建设单位在招标活动开展前及时委托项目管理咨询机构，并对招标活动实施专业化管理，这有利于自身管理利益的实现，更有利于提升项目实施与管理成效。加强对招标代理机构的管理，要求招标代理机构围绕建设单位的管理提供伴随服务，务必具备根据项目实际情况为建设单位定制合同的能力。建设单位有必要会同其委托的专业项目管理咨询机构对招标代理服务实施评价。

案例追问：建设项目招标代理服务评价应围绕哪些方面展开？

追问解答：建设单位会同其委托的专业项目管理咨询机构对招标代理机构实施的评价主要从三个方面展开，一是服务能力评价，可从人员、资源、服务以及手段等方面展开，能力评价的重点是针对全过程项目管理服务能力、自身企业的管理水平。二是组织过程评价，应侧重针对工程招标组织过程，重点包括各类事项及处置情况。同样是面向过程，该类评价旨在改进工程招标组织质量，围绕活动准备、协调、处置展开，以提升组织效率及风险应对水平。三是服务效果评价，相比前两个层次评价，服务效果评价是在招标代理服务结束后，针对全过程项目管理目标实现程度的评价。从上述三个方面展开将有效确保评价的系统性和客观性。

## 案例3　仅是“走程序”，还是“有作为”？

某政府投资中学校址迁建项目，学校方作为建设单位，委托了招标代理机构为其组织开展招标活动。该学校负责基建部门的袁某作为项目商务负责人开展本项目招标管理工作。为遴选优秀的招标代理机构，袁某与有意参与该项目的招标代理机构负责人廖某进行了沟通，内容如下：

袁某问廖某：“招标环节主要解决什么问题？如何组织好招标活动？考虑本项目工期紧张，能否简化招标程序、缩短招标时间？”

廖某回答：“招标活动是法律强制性的交易过程，当建设内容达到依法必须招标的规模与标准时，建设单位就应当组织开展招标活动。总体来看，招标活动就是确保招标人履行法定招标义务，使得项目产生中标单位的过程，并没有其他作用。”

针对袁某的问题，廖某进一步补充道：“组织好招标活动的关键就是坚守合法合规原则，按法律规定组织招标。此外，尽管项目工期紧张，但招标周期时限是法律规定的，周期时间无法改变，只能通过做好招标计划，尽可能紧凑连贯地组织招标。”

## 案例问题

问题1：袁某向廖某所提的问题，反映出当前招标投标领域存在什么现象？

问题2：招标代理机构负责人廖某对招标活动的认识是否正确？

问题3：工程招标活动在建设项目中主要发挥什么作用？

## 案例解析

解析问题1：本案例中，建设单位的表现反映出其对招标本质及其所能发挥的作用缺乏深刻认识。在招标活动开始阶段，建设单位商务负责人袁某与招标代理机构负责人廖某的沟通过程，直接反映出袁某可能不具备对招标代理实施专业管理的能力。

解析问题2：廖某同样对招标活动缺乏深刻认识，其针对袁某的解释并不客观。若由廖某组织开展招标活动则很可能无法有效发挥工程招标在建设项目中应有的作用，更无法满足建设单位科学管理的诉求。从根本上讲，招标代理服务通过实施有价值的咨询，加强招标在项目建设中的功能，以谋求交易效能的最大化。招标代理机构有义务引导建设单位提出项目管理需求，以确保后期履约科学高效。

解析问题3：建设项目管理潜能的无限性决定了工程招标作用的无限性，也正是由于招标活动在构建各参建单位围绕建设单位管理协同中发挥着重要作用，使其必然成为实现项目管理策划、落实全过程管理要求的重要手段。总体来看，招标活动在建设项目管理中发挥的作用包括确定中标单位、形成管理关系、落实管理要求、形成合同条款、履行法定义务、形成合同价格、获取超值回报等。

案例启示：某些建设单位负责基建工作的人员管理能力水平不高是由多种因素造成的。显然，这些人员并非处于项目管理咨询机构的专业环境，并未经过专业培养锻炼，仅可能通过建设单位个别项目历练，在能力提升上存在局限性。本案例中，袁某对项目管理十分重视，对推进项目科学实施表现出强烈意愿，这是建设单位追求管理利益诉求的表现，值得鼓励。强化建设单位能力，特别是管理人员能力是推进建设领域高质量发展过程中非常重要的工作。当然，做好建设项目管理需要各方共同努力。建设单位人员能力不足时，更需要加强对监理单位的履约管理。监理单位作为建设项目重要的参建单位，其开展的监理服务对于建设项目施工管理至关重要。

案例追问：如何通过强化监理招标文件编审改善监理单位的履约作为，以使其有能力对施工开展全方位管理？

追问解析：监理招标文件编审是针对监理单位实施管控的入手点。其中，编审实质是将监理管控思路纳入招标文件，形成对监理单位合约约束力的过程。有关监理单位的具体管控工作包括：(1) 明确监管协同群组模式，是指项目管理咨询机构基于监理单位协助而针对项目实施管理的过程，并通过监理单位对施工环节实现有效监管；(2) 明确监理总包模式，是指将项目中包含的非主体、非关键或非本专业施工内容一并纳入监理服务范围的做法，由一家单位负责整个项目所有工程内容的监理工作；(3) 将履约评价与支付关联，是指依照合同内容由合同主体一方对另一方履约情况进行评价，作为对主体履约状况考量的方式，是合约管理最直接的手段之一；(4) 明确团队配置最低资格，团队能力水平则是通过人员专业配置及对相关资格要求来确立的，因此，有必要在招标中提出团队配置及人员资格限定条件；(5) 确定项目管理支付方案，无论是支付时点还是支付比例，均应与项目总体目标及建设管理里程碑节点相呼应；(6) 实施项目周期计量，是指由监理单位组织实施的，针对项目不同阶段设计成果及工程量差异，通过设计优化及组织施工工程变更调整而实现造价控制目标的过程；(7) 明确管理协同伴随服务，是指监理单位从项目管理咨询机构管理要求出发提供的全面配合与支撑服务，这使得项目管理服务更加顺畅，增强了建设单位管理的执行力。

### 2.1.2 招标管理与招标代理

#### 案例4 招标管理≠招标代理

某政府投资大型公共服务类建设项目，建设单位缺乏项目管理经验，其聘请了专业项目管理咨询机构为其开展项目管理，委托经验丰富的招标代理机构为其组织开展招标活动。建设单位向项目管理咨询机构表示，本项目招标活动并不希望项目管理咨询机构参与管理，有关招标及合同签订等事项均可交由招标代理机构办理，强烈地表现出对招标代理机构的信任。

项目管理咨询机构坚持认为：招标活动是项目实施的重要阶段，也是管理策划落实、管理要求部署的重要窗口，项目管理咨询机构必须在该阶段全面介入管理，及时对招标活动做出安排。然而招标代理机构却指出：招标活动作为法定程序，只有招标人、投标人、招标代理机构才能参与，法律对项目管理咨询机构参与招标活动未做出规定，更未明确项目管理咨询机构在招标活动中的法律地位。在招标代理机构的坚持下，建设单位不再委托项目管理咨询机构针对招标活动实施管理。最终，项目管理咨询机构不得不听从建设单位安排，未能针对本项目招标活动实施管理。招标活动结束后，项目进入实施阶段，建设单位发现中标的各参建单位不服从项目管理咨询机构管理，于是对项目管理咨询机构心生不满。但当其亲自对各参建单位发出管理指令时同样发现各参建单位有令不行，充分感受到管理的乏力。

## 案例问题

问题1：在能否参与招标活动的问题上，建设单位、招标代理机构及项目管理咨询机构哪方认识更合理？

问题2：法定招标活动是否只能由建设单位及其委托的招标代理机构参与？

问题3：建设项目的招标代理与招标管理的主要区别是什么？

## 案例解析

解析问题1：本案例中，建设单位、招标代理机构以及项目管理咨询机构对于参与招标活动的认识似乎均有道理，但也反映出各自本位倾向。总体来看，招标代理机构的认识存在一定的片面性，而项目管理咨询机构的认识相对科学，建设单位显然尚未建立对招标活动的深刻认识，对招标活动在建设项目中发挥的作用一无所知。

解析问题2：虽然法律对项目管理咨询机构能否参与招标活动及其在项目建设中的管理地位并未做出明确规定。但由于受托于建设单位，在管理授权条件下，其具备了代建设单位对招标活动开展管理的权利。作为专业管理咨询服务机构，其有义务代建设单位监督招标代理机构的工作。正是由于招标代理机构代招标人履行法定招标程序，加之招标活动本身关系到招标人的核心利益。因此，凡法律规定的必须由建设单位履行的义务，项目管理咨询机构原则上是不能代其履行的。但针对招标代理服务管理，如服务成果审核把关等，则项目管理咨询机构可以实施。所谓项目管理咨询机构参与招标活动，并非指参与招标投标交易，更不是干扰招标代理服务开展，而是以管理者角色，代招标人实施招标管理而已。

解析问题3：招标代理与招标管理的主要区别在于实施主体的差异。项目招标管理是建设单位委托专业管理咨询机构针对招标代理服务实施监管的过程。这是建设项目商务管理的必要环节，是确保各参建单位与建设单位管理协同局面形成的关键。招标管理首要任务是执行项目管理策划，落实项目管理要求。

案例启示：从二者形成的文档也可以看出区别。招标代理服务形成的文档称为项目招标活动文档，记录了招标活动各参与主体的行为，形成了项目各参建单位的缔约成果。行政主管部门针对项目招标投标交易监管中，该类文档作为招标活动被查材料，反映出建设单位履行法定招标义务的合法程度。招标管理文档则记录了招标人实施招标管理的过程，包括落实项目管理策划、开展管理、形成管理成果等。招标管理文档并非完全依据法律法规要求形成，而主要在招标人开展管理过程中产生，对推进和科学引领项目招标活动发挥了重要作用。在行政监管中，该类文档虽不直接作为建设项目被查材料，却能够有效跟踪招标投标交易主体行为，与招标活动文档一起组成项目完整的招标投标交易记录。

案例追问：为构建管理更加有效的招标代理合同，应在合同条款中完善哪些内容?

追问解析：为强化招标代理机构的管理，增强对其管理的约束，作为建设单位的招标人应在招标代理委托合同条款中补充带有管理要求的条款。以房屋建筑工程项目委托代理合同为例，合同通用条款一般约定如下：

一、“关于受托人的义务”

(1) 受托人开展本项目招标代理或竞争性缔约服务。选择有足够经验的专职人员作为服务项目负责人（负责人的姓名、身份证号在专用条款中写明）。

(2) 在委托人及其委托的项目管理咨询机构，针对项目开展全过程管理中，受托人应按照二者要求开展工作，为二者开展的项目管理提供必要协助，完成各类相关管理伴随服务（有关伴随服务具体内容与要求详见合同专用条款）。

（3）在上述（1）（2）条款约定的范围外，受托人还应为委托人提供各类必要的咨询服务，以及办理项目招标活动所需的相关手续。如协助委托人开展项目招标活动各项准备，提出招标活动实施计划，策划活动实施过程，提出风险规避措施，有针对性地提出重点、难点问题解决方案，对委托人开展的项目管理提出合理化建议等。

（4）为确保招标活动对本项目实施发挥重要作用，以及通过缔约活动对未来各中标参建单位形成有效的管理约束力，受托人应配合委托人在后期中标人合同履约期间提供相关配合，包括处置可能发生的合同争议、组织必要的合同谈判、补充协议签订等。

（5）鉴于资格预审、招标文件等招标过程文件在项目管理中的重要作用，受托人有义务会同委托人积极、耐心、详细地开展编审。编审过程将充分体现委托人管理意图，融入委托人建设管理的全部思想。受托人有义务对委托人针对项目全过程管理提出合理化建议。在上述过程文件发放前，在送交行政主管部门备案审查期间，未经委托人允许，受托人不得擅自调整文件内容，不得再损坏委托人相关建设管理利益。在与行政主管部门就文件备案的审查沟通过程中，应时刻保证委托人利益，确保送审文件内容完整性。

（6）受托人按本专用条款约定完成下列工作：①依法按照公开、公平、公正和诚实信用原则组织本项目招标活动；②应用熟练的专业技能为委托人提供卓有成效的咨询服务；③向委托人宣传、解释有关招标法律法规及相关政策，并提供全面的合同咨询；④按照委托人提出的招标与缔约活动组织的精细管理要求开展服务（有关委托人提出的“精细管理要求”详见合同专用条款）；⑤积极配合委托人针对受托人关于本项目招标代理服务的评价，并积极接受评价结果（有关服务评价办法详见合同专用条款）。

二、“关于委托人的权利”

（1）对受托人进行监督。按合同约定接收招标代理成果；对服务成果予以审核、确认。

（2）向受托人询问本项目招标活动进展情况，听取受托人汇报或要求受托人提出不违反法律法规的建议。

（3）审查受托人为本项目编制的各种招标过程文件，并提出修正意见。

（4）要求受托人提交招标代理工作报告。

（5）与受托人协商，建议更换其不称职的服务人员。

（6）本合同履行期间，由于受托人不履行合同约定，给委托人造成损失或影响招标正常开展的，委托人有权终止本合同，并依法向受托人索赔。

（7）对受托人服务过程实施评价。评价受托人招标组织过程及工作质量与效果。评价拟在中标通知书发出后且招标人与中标人完成合同签订后20日内完成。

（8）委托人有权根据中标人的履约情况，反向考察招标代理机构的服务成效。这种反向考察是依托于针对中标人的履约评价做出的。中标人履约评价则在招标人与中标人完成合同签订后的第90天起算，并在20日内完成。

（9）颁布项目招标相关管理制度。

（10）独家享有本项目各类招标过程文件的知识产权。

三、"关于委托代理报酬的收取"

（1）由委托人支付代理报酬的，中标通知书发出且在合同签订后支付至合同总价款一定比例的报酬（具体比例和金额详见合同专用条款），剩余比例的报酬则在委托人对受托人完成对中标人的履约评价（即第二次评价）后20日内支付（有关价款支付方案详见合同专用条款）。

（2）由中标人支付代理报酬的，在中标人与委托人签订合同后5日内，由中标人支付至合同总价款一定比例的报酬（具体比例和金额详见合同专用条款），剩余比例报酬则在委托人对受托人完成对中标人的履约评价（即第二次评价）后20日内支付（有关价款支付方案详见合同专用条款）。需指出，中标人支付招标代理报酬需得到委托人的书面同意。

## 案例5　项目管理咨询机构参与招标，"非法"？

某大型房屋建筑工程项目，建设单位聘请某招标代理机构为其组织开展勘察、设计、监理及施工总承包招标，同时委托某专业项目管理咨询机构为其开展全过程项目管理。在招标过程中，项目管理咨询机构和招标代理机构在招标方案编制问题上产生了分歧。

项目管理咨询机构认为，招标环节对全过程项目管理影响较大，全过程项目管理应从深入开展招标投标交易入手，通过对招标活动实施科学管理，为项目全过程管理打下基础。因此，其向建设单位提议：先请招标代理机构围绕项目整个招标工作编制一个详细的实施方案，在此基础上，再由其编制整个项目的招标管理方案。

经建设单位与招标代理机构沟通后，招标代理机构很快完成了实施方案的编制，并将方案提交给建设单位。建设单位请项目管理咨询机构对实施方案审查后认为：实施方案内容比较简单，仅是针对本项目的勘察、设计、施工、监理的招标时间计划。总体上看，方案内容匮乏、科学性差。

当建设单位就这一问题与招标代理机构沟通时，招标代理机构却坚称：招标实施方案就是有关招标手续、流程为主的时间计划性材料，并表示若招标人不能就方案编制提出具体要求，则无法提交令项目管理咨询机构满意的方案成果。同时，招标代理机构还坚持认为：法律规定的招标活动直接参与主体只有招标人、投标人、招标代理机构，并未赋予项目管理咨询机构参与招标活动的相关权利、义务和责任，认为其并不具备参与招标活动的合法地位，甚至还提出项目管理咨询机构当前实施的招标管理行为涉嫌非法干扰招标。项目招标进行到这里，建设单位感到十分迷茫。

## 案例问题

问题1：项目管理咨询机构参与招标活动是“非法”的吗？

问题2：招标管理包含哪些内容？项目招标管理方案应如何编制？

问题3：项目招标管理方案与招标实施方案的关系是什么？

## 案例解析

解析问题1：项目管理咨询机构的主张是合理的。招标活动实质上是建设单位与各参建单位的缔约过程，对项目后期合同履约影响重大。建设单位应该认识到该问题的重要性，并支持、督促项目管理咨询机构围绕招标实施科学管理。

招标代理机构的主张显然是不合理的，其对项目管理咨询机构实施的招标管理并不了解，甚至存在误解。以《招标投标法》为首的法律体系明确了招标活动参与主体虽没有项目管理咨询机构，既然受托于建设单位，其应在招标活动中为招标人提供必要的咨询或协助，有义务站在招标人项目管理视角对招标代理服务实施科学管理。在不干扰招标活动正常进行的前提下，为建设单位提供必要的管理咨询服务。

解析问题2：一般而言，项目管理咨询机构实施的招标管理工作包括：(1）协助建设单位设计并颁布招标管理制度；(2）组织开展项目招标管理策划；(3）组织编制项目合约规划；(4）协助建设单位委托招标代理机构；(5）开展项目各类招标过程文件审核；(6）协助建设单位协调项目招标过程中的各类事项；(7）组织开展招标代理服务评价等。

解析问题3：招标管理方案和招标实施方案层次不同，二者间存在紧密的联系。其中，招标管理方案为招标实施方案编制提供指导。本案例中，项目管理咨询机构提出让招标代理机构先行编制招标实施方案是不妥的。招标管理方案编制主体是项目管理咨询机构，其首先应根据项目管理目标，对项目招标提出管理要求。招标管理方案的依据是项目管理规划，核心内容是对招标管理问题和风险提出对策等。总体而言，招标管理方案旨在明确项目招标总体方向和实施思路，而招标实施方案则由招标代理机构编制，侧重对项目招标活动实施提出计划，是对项目管理咨询机构编制的招标管理方案的响应与细化。

案例启示：有必要厘清招标代理机构和项目管理咨询机构在项目招标组织与管理中的分工与联系。项目管理咨询机构是招标代理服务的管理方，确保其按照法律规定，合法合规高质量开展招标代理服务，有效监督招标活动开展过程中其是否维护了招标人的管理利益。招标代理机构是建设单位组织开展招标活动的中介服务机构，其服务过程接受建设单位监督，在建设单位委托项目管理咨询机构的条件下，招标代理机构应服从其管理。

在很多项目中，即便建设单位聘请了专业的项目管理咨询机构，以项目管理模式组织项目建设，但项目管理咨询机构能够真正为项目提供科学而专业的招标管理服务并非普遍做法。项目招标方案在管理层面是招标管理方案，在服务层面则是招标活动的组织实施方案。推行高质量工程招标，就必须以明确各方职责为前提，组织好上述两类方案的编制，唯有此，才能防范和化解重大风险，确保招标顺利开展并取得既定成效。

## 案例6　“不翼而飞”的“200余条意见”

某三甲综合医院建设项目，建设单位聘请了项目管理咨询机构全面开展项目管理，委托了招标代理机构组织招标活动。项目管理咨询机构在施工总承包招标中加大管理力度，尤其针对招标文件编审，力争将全过程管理思想纳入施工总承包合同条款。针对招标代理机构提交的招标文件初稿，项目管理咨询机构提出的审核意见高达200余条，并会同招标代理机构对照意见逐一完善招标文件相关内容。可以说，这些审核意见均是站在项目管理视角对施工总承包单位提出的管理要求。然而，在招标文件备案环节，由于行政主管部门经办人以招标文件内容烦琐为由，表现出对审查的不耐烦态度。于是，招标代理机构私自将按200余条意见对应完善的招标文件内容全部删除，并将删除内容后的招标文件备案发放。当项目管理咨询机构得知这一情况后十分气恼，但又束手无策。为最大限度地防范项目实施风险，项目管理咨询机构坚持要求招标代理机构将招标文件按原200余条审核意见完善后，以补充修改方式备案并重新发放给投标人。然而，由于需补充完善的内容较多，一方面行政主管部门经办人要求不得大幅修改招标文件，另一方面重新整理招标文件补充修改文件也需要一定时间，要延长招标周期。考虑到项目工期紧迫，招标人最终未同意将200余条意见重新完善后的招标文件以补充修改文件的方式发放给投标人。对此，项目管理咨询机构表示遗憾。

## 案例问题

问题1：项目管理咨询机构的200余条审核意见未在招标文件编制中得以落实，直接反映出项目招标管理存在什么问题？

问题2：招标人以项目工期紧迫为由决定不发放依据审核意见修改完善后的招标文件（招标文件补充修改文件），如何看待招标人的这一做法？

问题3：在当前情形下，项目管理咨询机构应如何做？

## 案例解析

解析问题1：项目管理咨询机构的200余条审核意见没有落实，直接反映出项目招标管理上存在重大问题，凸显出项目管理咨询机构对招标代理机构管控力不足。虽然招标投标法律体系并未明确项目管理咨询机构在招标活动中的权利、义务与责任，然而其作为招标人委托的管理代表，有权对招标过程实施科学管理。招标代理机构理应服从项目管理咨询机构的管理，并将招标文件报送其审阅，听取并采纳其关于招标文件的审核意见。在招标管理中，项目管理咨询机构针对招标文件的审核意见是代表招标人提出的，招标代理机构应视同招标人对招标文件的反馈并予以执行。招标代理机构在招标文件中私自删除200余条意见对应修改完善的内容，若上述内容涉及项目重大管理利益及后期履约风险应对措施约定，那么这一删除行为必将给项目管理利益造成巨大损害。

解析问题2：招标人以工期紧迫为由，而未采纳项目管理咨询机构以招标文件补充修改文件方式向投标人发出200余条审核意见对应完善的内容，这一罔顾其自身管理利益的行为是一种得不偿失的表现。若项目确实出于其他目的，如在社会关注度较高的条件下，招标人应事先为招标文件编审预留充足时间，尤其在针对项目实施后期具有重要影响及关乎重大管理利益等问题上，必须保证招标文件内容的科学性。

解析问题3：在当前条件下，项目管理咨询机构应立即梳理200余条意见删除可能会对本项目后期管理带来的负面影响，全面评估项目可能出现的被动局面及管理难度，并向建设单位如实报告，同时尽可能提出对策措施。在当前时点，项目管理咨询机构还要坚决表明立场，只要招标活动未开标，就要坚持将按照200余条审核意见完善的招标文件补充修改文件发放给投标人，向招标人表明自身不承担200余条意见未予以落实而导致的项目管理失利责任。

案例启示：该案例也提醒招标代理机构应高度重视建设单位管理利益，唯有此才能切实提高服务质量，真正贯彻落实以招标人为中心的服务理念。一般而言，受工期限制，建设项目招标组织过程往往比较紧张，留给招标文件编制的时间不多。因此，在招标文件备案发放前临时补充大量招标文件内容，必然导致编审压力增加。为增强招标组织管理的前瞻性，项目管理咨询机构或招标代理机构应注意体现自身竞争力的示范文本体系建设。作为招标人的建设单位也应尽可能在招标伊始明确管理诉求，在招标文件编审前，提早谋划拟写入招标文件的管理条款内容。此外，有必要强化对招标代理机构的管理，特别是在招标文件编审与备案环节，要求其务必维护招标人管理利益，坚守经招标人审查确认的招标文件内容等。

## 案例7　招标管理评价很重要

某大型政府投资公共服务建设项目，建设单位聘请了专业招标代理机构组织招标活动，委托有经验的项目管理咨询机构开展项目管理。项目管理咨询机构在开展管理服务中对项目招标格外重视，有力抓住了工程招标本质，充分发挥招标环节推进项目建设的作用。招标代理机构认真尽责，协助项目管理咨询机构开展项目商务策划及招标过程文件编审等。通过科学周密的策划和良好的组织构建，形成了具有合同约束力的管控体系。各项招标工作结束后，各中标参建单位围绕建设单位实施了有效的管理协同，最终项目顺利实现了各项建设目标。事后，建设单位在就项目实施全过程做总结表彰时，对勘察、设计、施工总承包及监理单位在项目中的表现大加赞赏，但却只字未提项目管理咨询机构和招标代理机构在招标阶段所做的贡献。

## 案例问题

问题1：建设单位未就两个服务机构的表现做出肯定，反映出什么问题？

问题2：项目招标管理量化评价主要包括哪些因素？

## 案例解析

解析问题1：不得不承认，本案例项目之所以顺利确实来自于良好的招标组织与管理，正是这种无形的力量推动了项目走向成功。当然，建设单位未能表彰项目管理咨询机构及招标代理机构可能出于多种原因。也许是没有注意到二者在协力打造项目合约管控体系中所扮演的角色，或许是没有注意到科学招标管理对推进项目的重要作用。然而，项目管理咨询机构未能引导建设单位对项目招标管理做出科学评价不失为直接原因之一。

解析问题2：唯有对项目招标管理做出科学量化评价，才能将项目招标管理对项目建设的作用和成效显现出来，这也有利于总结经验，提升项目管理和招标组织水平。招标管理评价在主体方面，主要是对招标活动各参与主体的评价，包括招标人、投标人、招标代理机构以及行政主管部门。在客体方面，主要包括招标活动组织过程、管理过程、各类成果文件评价等。对于建设项目，招标管理评价主体是招标人，从而决定了招标评价必然站在项目实施的全局高度，并以项目管理利益为出发点，有关项目招标管理量化评价主要内容详见表2。

| 项目招标管理评价主要内容一览表 | | | | 表2 |
|---|---|---|---|---|

| 评价内容类型 | 评价内容 | 评价的主要方面 | | |
|---|---|---|---|---|
| | | 合法性 | 过程质量 | 最终成效 |
| 评价主体 | 招标人 | 招标人身份情况、有关招标合约活动组织及管理过程主观行为情况等 | 招标人自身的知识水平、创新能力水平、组织与管理水平、团队组成合理性与经办人员能力水平等 | 履行法定责权利、坚持原则、遵纪守法、信用良好、敢于担当、制度完善、管理科学、能力提升等 |
| | 投标人 | 产生过程、身份情况等 | 投标人自身实力、投标响应水平、履约能力与水平等 | 中标单位履行法定责权利、形成履约业绩、履约能力提升等 |
| | 招标代理机构 | 招标合约活动组织和针对招标人及其委托的项目管理机构配合主观行为情况等 | 招标代理机构服务能力、创新能力水平、项目团队人员能力水平等 | 创新水平提升、管理科学、咨询能力提升、形成了业绩与资源等 |
| 评价客体 | 活动过程 | 法定程序履行情况、法定时限遵守情况、法定要求落实情况、监管要求落实情况等 | 活动准备充分性、活动组织严谨性、程序执行顺畅性、要求落实针对性等 | 招标人履行完成法定程序、活动组织过程高效、严谨，投标过程充分响应招标文件，形成中标价格与合同条款，产生最优中标单位等 |
| | 活动成果 | 活动成果形成依据合法性、形成过程的合法性、法定与监管要求落实等 | 活动成果科学性、活动成果准确性、活动成果严谨性、活动成果一致性、活动成果与管理要求符合性等 | 形成了质量较高的活动各类过程文件，尤其是合同条款，形成了丰富可参照性的履约依据和招标合约活动档案等 |
| | 管理过程 | 法定要求与监管要求的落实程度、管理制度执行情况等 | 管理计划周密性与系统性、管理方法合理性和可靠性、管理措施有效性、管理要求针对性等 | 实现管理目标，维护了交易主体利益，满足了项目管理诉求，落实了招标人项目管理要求、管理协同关系形成、形成面向合同约束的管控体系等 |
| | 管理成果 | 管理成果形成依据合法性、法定与监管要求落实等 | 管理成果针对性、管理成果完备性、管理成果科学性、管理成果准确性等 | 形成了质量较高的管理类过程文件，尤其是各类管理方案，形成了丰富可参照性的招标合约管理档案等 |

案例启示：项目管理咨询机构及招标代理机构在做好自身管理的同时，还

应注重对自身服务成效了然于胸。项目招标管理取得的成效和发挥的作用不像项目其他服务，并非体现在招标环节本身，却往往通过合同履约环节或其他方面显现出来。因此，有必要将项目招标管理成效和作用显性化，让建设单位更加清晰地感受到，以使其更加客观地认识项目招标，更加重视对招标活动的管理。

## 2.2　延伸思考——建设单位的角色定位

工程招标在各类招标类型中最为常见。在房屋建筑和市政基础设施建设项目中，还包括与工程建设有关的货物和服务。其中，施工招标又可细分为施工总承包、分包招标及材料、设备采购类型。建设单位作为项目实施主体，承担着项目建设管理的总体责任。作为项目法人，还肩负着项目全生命周期相关实施责任等。当前，工程建设处于高质量发展阶段，须深入推进“供给侧结构性”改革，着力激发建设市场主体活力。顺应改革要求，确立建设单位角色定位，明确建设单位主体责权利，以促进交易效能提升和潜能释放。

1.建设单位的历史角色定位

自1999年《招标投标法》颁布以来，法律明确了招标人在工程招标中的法定责权利。《招标投标法》属程序法，招标人法定的责权利具有程序性、强制性、时效性特征。同时，法律也赋予行政主管部门监管责权利。一直以来，建设单位对工程招标的认识仅集中在“履行项目建设审批手续”“履行法定招标程序”等方面，忽略了工程招标的缔约性、竞争性等特征，隐没了其助力项目建设管理的潜能。自2012年我国全面开启深化改革以来，市场资源配置力度逐步加强，正确处理政府与市场的关系问题是全面深化改革的核心。以“供给侧结构性”改革为主线并以此牵引发展需求。针对建设监管，推行工程建设项目审批制度改革。为确保“供给侧结构性”改革与“放管服”改革有效联动，依托“优化营商环境”改革，借助招标投标交易引导建立公开、透明的市场规则及竞争、有序的市场环境。建设单位权利加速回归，管理利益诉求得到有效满足，交易能动性得以充分释放。新时代，全面深化改革对项目建设管理提出了新要求，建设单位在工程招标中的历史角色定位也随之发生变化。建设单位的历史角色定位，就是落实改革要求并对监管形成有力支撑。聚焦破解建设领域主要矛盾，历史角色定位必然受到行政监管、建设管理及参建服务三大能力提升的影响。

2.建设单位的管理角色定位

如果说历史角色定位是外在的，由全面深化改革对项目建设提出的新要求决定。那么管理角色定位就是内在的，围绕其项目管理利益的实现而确立，反映出其依托科学项目管理而实现建设目标的强烈愿望。可以说，是项目管理利益决定了建设单位的管理角色定位。一般而言，建设项目管理分为事项、主体和要素三个维度。管理角色定位的确立应立足上述三维管理要求。其中，主体维度是核心，确立的管理角色定位也是最根本的。

**（1）事项管理角色定位**

事项维度管理是针对建设项目全过程事项的管理。在该维度下，建设单位聚焦处理项目各类事项与工程招标的关系问题。典型地，要保障招标各项准备工作有序开展，及时获取招标所需的技术、经济、行政审批等前置条件。从履约成效及缔约绩效视角对工程招标组织与管理做出谋划及评价。确保与项目全过程各有关事项的充分衔接，从主体管理出发，要求各参建单位围绕建设管理提供伴随服务，该维度下的管理需面向项目实施全过程。因此，建设单位管理角色定位是全局性的，全过程各类事项的实施应从项目全局视角做出安排。

**（2）主体管理角色定位**

围绕主体维度的管理旨在统筹和处理建设单位与各参建单位的管理关系。在该维度下，建设单位依托工程招标构建面向合同约束力的管控体系。以“管理协同”方式确保各参建单位主体利益统一于建设管理利益之下。在建设单位针对各参建单位的管理中，针对各参建单位的责权利做出规划。该视角决定了建设单位的角色定位带有管理色彩，面向各参建单位管理关系确立需依托管理利益统筹考虑。

**（3）要素管理角色定位**

要素管理则是以建设目标为导向，是针对建设项目实施状态而做出的调控。动态把控项目发展局面，确保项目建设目标的实现。该维度下，建设单位排除项目建设干扰，实施有效管理策划，创新管理方法，借助便捷管理手段平衡好各管理要素的关系。该视角决定了建设单位角色定位必然带有目的性，针对各参建单位的管理需以目标为导向做出前瞻性部署。

3.工程招标的根本特性

**（1）管理角色定位决定性因素**

工程招标竞争性及缔约性本质是决定建设单位管理角色定位的根源，赋予工程招标丰富的内涵和确保项目管理策划实现的可能性。从深层看，工程招标对投标过程具有很强的牵引力。工程招标固有的强制性、程序性、时效性、缔约性、竞争性的本质特征，决定了其在实施项目管理策划和落实具体管理要求方面的潜能，这也是建设项目管理全过程对工程招标存在较强依赖的根源。显然，工程招标环节是实现项目管理决策部署、落实管理策划的重要窗口，更是营造积极项目管理局面的切入点。

**（2）工程招标的根本属性**

建设单位上述角色定位对工程招标的变革与发展形成了较强的驱动力，确立了工程招标的根本属性。

①深化改革的重要抓手。首先从建设单位的历史角色定位来看，建设单位须秉持改革精神，协力落实改革要求。在构建以建设单位为中心的管理协同体系的同时，对监管予以有效支撑。促进了需求端的“放管服”改革和供给端的“供给侧结构性”改革间的相互作用，并通过市场端的“优化营商环境”改革催化形成高效的“供需”循环，实现了建设项目治理与行政治理的有效衔接。不仅如此，依托信息化与新技术加速交易业态变革，推进了建设领域高质量发展进程。显然，工程招标已经成为建设领域深化改革的重要抓手之一。

②项目管理的根本途径。建设单位的管理角色定位决定了工程招标已成为实现项目全过程科学管理的根本途径，促进事项、要素和主体三维管理的相互融合。通过构建协同管理关系体系，确立了参建单位的管理关系，为项目建设管理赢得积极主动的管理局面，成为建设单位及时把握建设管理局面的最佳时机。通过招标程序的中标优选机制，实现了对建设项目管理的深度优化。可以说，正是这一优化过程有效促进了交易潜能的释放。工程招标作为项目建设承上启下的环节，对项目前期工作予以衡量，对成效加以验证，对项目后期实施做出安排。这一环节使得项目管理程度更加深入，有效保证了建设项目总体局面的可控性。

4.建设单位的法定责权利

基于上述对建设单位角色定位和工程招标属性的分析，建设单位在工程招标中行使的责权利是鲜明的，不仅包括法定要求，更肩负着与行政主管部门共同推进改革的重任，饱含着科学实施项目治理的期望。例如在权利方面，依托行政主管部门推进的“放管服”改革加速了建设单位项目管理权利的回归，以便其借助工程招标充分实施管理决策。例如针对施工总承包单位组织的分包，则通过“确认”方式行使决策权。在义务方面，建设单位落实改革要求、服从行政监管，对各参建单位管理做出精细化安排，尤其通过对招标代理机构实施有力管理，加速其服务转型进程。此外，建设单位也有义务秉持管理协同思想对项目管理做出策划，有针对性地分析和处置工程招标重大问题，采取科学有效的编审方法打造高质量工程招标过程文件等。在责任方面：建设单位更需要对工程招标活动是否对监管予以支撑，是否取得既定履约成效以及是否有效落实三维管理要求等承担责任。

确立工程招标中建设单位角色定位，为建设领域深化改革以及开展更加有效的工程招标监管提供了指引，也为建设单位实施科学项目管理指明了方向，促进了以建设单位为中心的高标准项目治理体系的形成。基于建设单位角色定位所做出的针对工程招标属性的判定，验证了高质量工程招标实施的必要性，为新时代建设单位确立信用新特征提供启示，驱使我国招标投标机制回归建立初衷，也为打造建设领域高标准市场体系提供思路借鉴。

# 第3章 高质量工程招标策划

## 导读

建设项目属性不同，加之所处环境条件的差异，招标过程区别很大。决定建设项目招标组织与管理局面的因素是比较多的，为此，推行高质量工程招标是一项十分艰巨的任务，尤其对于大型建设项目，局面的复杂程度超乎想象，面对众多风险隐患若不果断采取有效措施，后果可能是灾难性的。因此，项目管理策划及招标管理策划显得十分必要。策划作为顶层设计，主要构建一种科学的管理模式，并通过系统方法对项目招标全过程实施治理。实现以建设单位为中心、各参建单位与之管理紧密协同的过程。

所谓“管理协同”是指各参建单位以项目法人为中心，对其实施的管理工作全面协作的过程。其核心是对项目法人的管理支撑，其方式是在其管理下的相互配合，其优势是摒弃了各参建单位利益本位。在协同条件下，各单位优势互补并形成合力。管理协同是项目各参建单位合作共赢的重要方式，充分体现出全过程工程咨询业务融合理念，协同局面将对建设项目的组织与管理产生积极影响。可以说，管理协同思想是高质量工程招标的根本遵循。

实践中，很多建设项目的招标过程远没有达到上述“管理协同”的效果，甚至大多数情况没有将此作为推进招标的主要方向。时常看到有些项目未经充分准备就盲目启动招标，或将加快招标进程、尽快履行招标程序作为唯一管理目标，这种不按规律办事的做法给项目后期实施造成了不可逆转的局面。

本章共有6个案例，聚焦建设项目招标管理策划，详细介绍了建设项目合约规划方法。有些案例是关于项目招标管理制度建设的，还有一些是针对招标准备工作不到位的探讨。尽管案例反映出的问题比较细微，但对推进高质量工程招标至关重要。此外，本章还围绕建设项目各参建单位的利益本位做了延伸思考，旨在让读者认清建设项目构建管理协同体系的必要性和紧迫性。通过本章学习，读者能够了解项目招标所需的必要条件，树立风险意识，坚定做好招标准备工作。掌握本章所述招标管理策划思想方法能够做到以不变应万变，增强驾驭项目复杂局面的能力。

# 3.1 案例解析

## 3.1.1 项目招标策划与作用

### 案例8 项目管理思想“大有可为”

某大型新建写字楼项目，投资约1.5亿元。外装修主要采用玻璃幕墙，幕墙局部采用金属装饰网架结构。装饰网架作为建筑标志性亮点，将安装在建筑外玻璃幕墙范围外侧，项目整个外装修工程投资约1100万元。

在项目外装修设计即将完成时，由于招标人对设计单位提供的多个装饰网架结构方案均不满意，有关装饰网架的设计成果最终未能完成。由于项目工期紧迫，外装修工程招标在即，考虑到若将装饰网架结构与玻璃幕墙分开，则后期施工组织实施难度将加大，并可能给施工质量、安全管理带来较大风险。于是，项目管理咨询机构向建设单位提议将项目外玻璃幕墙与装饰网架合并招标。但由于装饰网架设计成果始终未能交付，招标代理机构无法就此开展工程量清单编制工作。

为加快推进招标活动，招标代理机构提议将外玻璃幕墙和装饰网架分开，并分别组织招标。项目管理咨询机构出于后期管理需要，坚持要求二者合为一体组织招标，对此双方争执不下。最终，项目管理咨询机构提出一个两全的建议，即将装饰网架作为一个独立分项工程纳入项目外装修工程量清单，并将经批准的初步设计概算对应投资下浮一定比例作为该装饰网架的控制性投资，纳入外装修工程最高投标限价总价。同时，要求招标代理机构在招标文件技术要求部分及工程量清单有关装饰网架分项工程量清单特征描述中详细载明设计要求。此外，项目管理咨询机构还进一步建议由中标单位在中标签约后一个月内完成深化设计，待设计成果令建设单位满意并确认后再施工。最终，招标代理机构按照项目管理咨询机构的建议顺利组织完成了外装修工程招标，为后期装饰网架设计及施工赢得了宝贵时间，项目工期也因此缩短。项目管理咨询机构获得了建设单位的赞誉。

## 案例问题

问题1：如何通过项目管理思想解决本案例描述的难题？

问题2：建设项目工程招标与全过程项目管理存在什么关系？

## 案例解析

解析问题1：本案例是关于建设项目合约规划、工程计量计价、施工组织设计、项目深化设计等知识综合运用的典范。在工程量清单计价模式下，将装饰网架作为单独分项工程是一个创新做法。将装饰网架结构与外玻璃幕墙合并组织招标体现了项目合约规划充分贯彻建设项目管理要求的原则。本案例中巧妙将设计单位与建设单位就装饰网架设计产生的矛盾转移，并将装饰网架设计与幕墙施工并行，为后续设计及施工赢得了宝贵时间，保证了建设项目整体工期目标的实现。

解析问题2：工程招标与项目管理的关系是十分紧密的。这一关系是由招标活动强制性、缔约性、时效性、程序性和竞争性的固有本质特征决定的。通过招标过程，以建设单位为代表的招标人履行了法定招标义务，确定了中标单位，明确了合同价格，建设项目的合同体系得以建立。更重要的是，建设项目各参建单位间的管理关系由此形成，建设单位针对各参建单位的管理要求也得以落实，为后期合同履约提供了直接依据和条件。总体来看，工程招标是实现管理策划的必要手段，是落实管理要求形成良好管理局面的重要时机。高质量工程招标以科学项目管理为指引，使工程招标成为建设项目顺利推进的关键一环。

案例启示：建设项目的造价、工期、质量、安全等管理要素之间具有深刻的内在联系。通过巧妙的管理策划，将上述管理过程有机融合，优化了整体管理效果。尽管建设项目计量计价具有明确的工程量清单计价规则，但是通过对规则的变通应用，使得建设项目计量计价展现出鲜明的灵活性和管理效能。

## 案例9　没有“制度”的管理，不科学！

某大型政府投资建设项目，建设单位对招标工作十分重视，其分别询问项目管理咨询机构和招标代理机构应采用什么措施才能确保项目招标科学高效。

招标代理机构建议：务必重视招标文件编审环节，并建议建设单位通过该环节将项目管理要求纳入招标文件及合同条款，以便于未来项目管理咨询机构对中标单位实施更加有效的管理。项目管理咨询机构对招标代理机构的提议表示赞同，建议建设单位务必结合项目特点，设计颁布一系列管理制度。建设单位听从了两家单位的建议。而后，建设单位、项目管理咨询机构、招标代理机构三者紧密配合，顺利组织完成了该项目全部招标活动。后期，项目管理咨询机构针对各中标单位的履约管理也十分顺利。项目竣工验收后，在某次总结大会上，建设单位称赞两家单位为出色的咨询服务机构。

## 案例问题

问题1：项目管理咨询机构和招标代理机构的建议为什么合理？

问题2：项目招标管理制度体系主要包括哪些内容？

问题3：开展项目招标管理制度体系建设需要做好哪些工作？

## 案例解析

解析问题1：项目管理咨询机构和招标代理机构提出的关于实现高质量工程招标的建议均是科学的，但也反映出二者在认知上存在差异。招标代理机构的建议展现出其能够站在履约视角看待缔约问题。而项目管理咨询机构对招标管理的认识更加前瞻，特别强调了以制度手段规制项目招标管理，显然是必要而迫切的。主编作者曾在《高质量工程招标指南》一书中针对项目管理提出过有关主体、事项和要素的三维管理理论。该理论认为：主体管理是项目管理的核心维度，调整好主体关系是实现项目科学治理的关键。为此，项目管理咨询机构提出打造项目管理制度体系，正是从规范主体行为出发而提出的有效举措。可以说，三维管理理论是高质量工程招标的理论依据。

解析问题2：项目招标活动几乎涉及所有建设事项，内容广泛。由于有关事项决策建立在科学研判的基础上，需要各参建单位全面参与。可以说，招标管理制度体系是确保各参建单位构建协同管理的有效保障，也是实现招标管理目标的前提。项目招标管理制度体系主要包括招标问题研商、过程文件报审、过程文件签章、项目招标评价等。

解析问题3：招标管理制度体系建设需要做好如下工作：(1) 明确项目招标阶段，对各阶段事项进行梳理。分别针对建设单位和施工总承包单位制定招标管理实施策划；(2) 确定各参建单位的详细分工，明确各自在项目招标组织与管理中的责任、权利和义务；(3) 明确项目招标管理的决策、审批、签章及过程文件编审等流程；(4) 营造项目招标管理环境，在建设单位及其委托的项目管理咨询机构组织下，建立针对招标代理管理的协同机制；协同机制搭建主要依靠建设单位针对项目管理咨询机构及招标代理机构签订的委托协议，并在协议中对此做出明确约定；(5) 开展制度文档设计，并就制度设计中的重点难点进行研究；(6) 组织制度文档编写，形成制度文档初步成果；(7) 就制度文档初步成果向各参建单位征询意见，并按照意见完善制度文档；(8) 形成最终制度体系成果，并随着项目实施持续优化。

案例启示：本案例中两家单位提出的问题都具有代表性。招标代理机构提出的问题反映出其服务视角的变化，能够关注项目合同履约管理是值得赞赏的。而项目管理咨询机构将管理制度建设放在重要位置，尽管制度建设需各参建单位不断磨合，也许会遇到些许阻碍，但始终坚持制度建设，一定能够使项目招标组织与管理有序开展。实践证明，这种坚持是值得的，是防范和化解项目管理风险的必要做法。

## 案例10 仓促招标，贻害无穷

某大型新建住宅楼开发项目的施工总承包招标在即，设计单位向建设单位提交了施工图设计成果，但该施工图尚未通过建筑强制审查及专业审查。此外，部分专业设计成果也不完善，如电梯设计参数不详、土方及边坡支护设计也不完整等。

建设单位委托招标代理机构仓促启动了施工总承包招标。建设单位要求中标的施工总承包单位针对土方及边坡支护工程进行深化设计并组织施工，并希望在施工总承包招标完成后立即举行开工奠基仪式，以尽快组织完成土方及边坡支护的施工。考虑到电梯井道需与项目主体结构同步实施，井道尺寸需尽快确定。为此，将电梯工程纳入施工总承包招标分部分项工程量清单。施工总承包招标结束后，建设单位对中标单位申报的电梯型号并不满意，认为有关参数不能满足项目所需，于是提出变更电梯型号的要求，并责令监理单位会同施工总承包单位组织市场考察。经考察，市场上各电梯厂商报价普遍偏高。另外，在项目后续土方开挖中，由于原土方及边坡支护施工图设计成果不完善，施工总承包单位向建设单位提交了经其深化的设计成果，且提出要依据报价并结合其最新设计成果对土方及边坡支护工程的合同价款进行调整。

**案例问题**

问题：本案例中，建设单位有哪些做法是不妥的？

**案例解析**

解析问题：设计单位一开始就应该向建设单位提交满足施工所需的全部土方及边坡支护设计成果，唯有此，才能将全部内容纳入施工总承包招标的分部分项工程量清单，并由施工总承包单位自行施工，进而实现进场后即可开展土方及边坡支护工程的效果。特别是对工期紧迫的项目，不应将土方及边坡支护工程以暂估价方式安排，更不建议由施工总承包单位代替项目设计单位对土方及边坡支护实施设计。需指出，中标单位的深化设计不能作为项目计价的依据。

此外，尽管电梯井道在结构施工中十分重要，应尽早确定，但只有电梯参数在技术、经济层面充分论证后才能启动招标。在设计指标参数不详的情况下，应将其安排为暂估价内容，并抓紧利用施工总承包招标周期同步完成电梯工程设计。施工总承包中标后，率先启动电梯招标，以确保井道随主体结构实施。

案例启示：总体而言，建设单位仓促启动施工总承包招标的做法是不妥的，应在确保各方面充分准备好的条件下启动招标。案例表明，合约规划关乎项目管理大局，应重视招标前期策划，并尽量对合约规划做出周密考虑。

## 案例11　巧妙化解“支解分包”风险

某大型新建办公楼项目，建设单位的上级主管部门要求尽快启动项目施工。为此，在项目刚刚完成主体结构设计的情况下，建设单位就匆忙启动了施工总承包招标。某特级施工总承包单位以3000万元价格中标。项目随即破土动工，并很快完成了主体结构施工。

后续，项目又陆续完成机电、装饰装修等设计工作。针对该项目室内外装饰装修、通风空调及电梯等工程发包，建设单位内部形成了两种方案。第一种方案认为：建设单位应将后续工程内容发包给另一家施工总承包单位实施；第二种方案则认为：建议单位应与现在的施工总承包单位签订补充协议，并约定将后续工程内容纳入该施工总承包范围。

考虑到首次发包时仅对项目主体结构工程进行了招标，为完成项目全部内容招标，建设单位采用了第一种方案，通过招标方式确定了另一家施工总承包单位进场施工。在后续建设中，后来中标的施工总承包单位与先前的施工总承包单位因施工界面问题纠纷频发。

## 问题与思考

问题1：本案例中，建设单位针对项目主体结构工程组织施工招标的做法是否合法？

问题2：针对项目后续工程内容的发包，建设单位内部形成的两种方案分别存在什么问题？

## 案例解析

解析问题1：本案例中，建设单位从一开始就未重视项目合约规划编制工作，盲目启动施工总承包招标，仅将主体结构工程纳入施工总承包范围，将各类专业工程排除在施工总承包范围外，这一未能将房屋建筑工程主要分部分项工程纳入施工总承包范围的做法构成了支解发包。后期，建设单位又针对室内外装饰装修、通风空调及电梯等工程招标发包，产生另一家施工总承包单位，再次构成支解发包的情形。

解析问题2：比较建设单位内部形成的两种方案，第一种方案显然是违法的。而第二种方案则不失为是一种补救措施，虽然针对原本应纳入施工总承包范围的室内外装饰装修、空调及电梯工程以补充协议方式纳入施工总承包范围违背了《招标投标法》中关于“中标后不得签订违背合同实质性内容的其他协议”的规定。但原施工总承包单位因支解发包而产生，自始至终是无效的。若项目尚未施工，则应待项目完整设计成果完成后重新开展施工总承包招标。当前，项目主体施工已完成，第二种方案提出的补救措施可行，有利于项目后续推进。

案例启示：尽管项目实施过程中可能由于种种原因出现了违法违规情形，并由此导致不良后果，但及时采取必要的补救措施是纠正错误的正确做法。项目重大风险应对是比较复杂的，需要以开展一定的研究与论证为基础，并由此提出科学对策。但无论如何，扭转项目不利局面不能本着一错再错或将错就错的态度，而是尽可能秉持合法合规原则，实事求是地处置问题。

### 3.1.2 建设项目合约规划

## 案例12 务必编制好合约规划

某全额政府投资大型园林展会项目，占地100余公顷，建设内容包括园林绿化景观、各类市政管线及服务区用房等工程内容，总投资约11亿元。建设单位委托招标代理机构组织招标，委托专业项目管理咨询机构开展全过程管理。为科学推进项目招标，建设单位要求招标代理机构为本项目编制合约规划。招标代理机构认为合约规划是有关合同段划分的方案。在编制合约规划过程中指出：项目应划分为一个合同段，由房屋建筑、市政及园林绿化三个专业设计单位组成联合体投标。未来施工总承包单位同样由房屋建筑和市政专业施工总承包单位组成联合体投标。

项目管理咨询机构在审核招标代理机构编制的合约规划后指出：合约规划不仅是合同段划分方案，更是对建设事项的分解成果，重点对建设事项委托时序、合同范围及界面划分等做出详细说明。项目管理咨询机构对招标代理机构提交的合约规划进行了优化完善。将项目施工划分为房屋建筑、市政及园林绿化三类合同段，最终合约规划成果显示：该项目房屋建筑工程进一步划分为2个合同段，每个合同段包含5个建筑单体，市政工程进一步划分为1个合同段，园林绿化工程进一步划分为4个合同段，各合同段内容和范围以空间为界面进行划分。

**案例问题**

问题1：招标代理机构和项目管理咨询机构谁对合约规划理解得更确切？

问题2：编制合约规划的意义是什么？建设项目合同一般包括哪些类型？

问题3：合约规划编制所采用的主要思想方法是什么？

## 案例解析

解析问题1：本案例中，招标代理机构认为合约规划就是针对设计、施工总承包等复杂建设事项的分解。而项目管理咨询机构则将合约规划归属为项目前期管理策划的重要组成部分。须指出，合约规划对项目管理全局产生重要影响，对有效推进项目实施意义重大。项目管理咨询机构认为：合约规划将复杂建设项目分解为具体建设事项任务，使得项目管理过程简单化。通过揭示建设项目各事项任务内在联系，以及在纷繁关系中抓住关键方面，确保项目合约管理富有成效。进一步地，通过对项目建设事项任务优化来化解重大风险，平衡项目各参建单位复杂的协作关系。合约规划助力项目建设目标的实现，为项目具体实施创造条件。由此可见，项目管理咨询机构对合约规划的认识是更准确的。

解析问题2：合约规划是项目合约管理的重要组成部分，是实施项目规划开展项目全过程管理的重要基础，其主要内容是梳理项目实施中的各类缔约事项，明确建设事项任务类型及具体内容。一般而言，建设项目合同类型包括前期咨询服务类、重要咨询服务类（如勘察、设计、监理等）、施工类（含暂估价分包内容）等，其中前期咨询服务类合同又进一步细分为过程管理、行政审批、市政报装、法定代理类等。

解析问题3：合约规划是项目合约管理商务策划的核心文件，是项目管理策划的重要组成部分，是基于项目实施与管理目标的分析成果。合约规划编制的主要方法包括：借鉴相同、相似项目合约规划成果进行修改，对项目建设事项任务进行合理分类，对同一层级、上下游关联类建设事项、同类关联事项合并委托，或对管理类事项与服务类事项进行受托回避等。合约规划编制应以项目全过程管理及实施目标为出发点，应以提升委托效率、规避委托风险为主要原则。

案例启示：由于合约规划并非强制性制度安排，实践中，很多项目并没有很好地开展这项工作。但对于大多数大型复杂建设项目而言，合约规划编制是非常有必要的，是项目管理的顶层设计和科学谋划，科学的合约规划将为打造积极主动的项目管控局面奠定基础。忽略合约规划或合约规划不合理将导致灾难性后果，并很难予以补救，导致项目管理难度成倍增加。实践中，要注意强化针对项目商务管理风险的评估，量化不合理合约规划造成的负面影响。在面对利益本位所造成的管理对抗过程中，对掣肘高效推进项目的因素做出处置。

强化对合约规划效果的评估有利于建设项目管理过程的持续改进。

## 案例13　合约规划不到位，招标活动推进难

某政府投资建设项目，建设单位委托A单位为其开展全过程管理，委托B单位组织开展招标活动。当项目开展监理招标时，A单位下属从事监理业务的C单位希望参与投标，并就此向招标代理机构B单位咨询。B单位认为C单位应该回避投标。A单位得知此事后，立即与B单位沟通，并坚持认为其下属单位C单位可以投标，而且其进一步向建设单位表示：若C单位中标，其将与C单位组成全过程工程咨询单位联合体，进而能够为建设单位提供更加全面的“项目管理+监理”的全过程工程咨询服务，将更有效地保证监理与项目管理服务的协同，充分发挥二者合力服务作用，展现出更加深刻的咨询价值。对此，A单位与B单位就此事产生分歧，建设单位一时也没了主意。

### 问题与思考

问题1：本案例中，C单位是否能够参与投标？

问题2：如何正确理解“投标回避”的内涵？

### 案例解析

解析问题1：当前，我国现行招标投标法律体系尚未就监理单位“投标回避”问题做出明确规定。但从现行《招标投标法》公开、公平、公正及诚实信用的立法原则（以下简称三公及诚实信用原则）来看，如果能够在保障严格遵守立法原则的基础上组织监理招标，则C单位无须做出投标回避。然而，是否需要回避还要结合具体情况做出分析。

案例中，A单位作为项目管理咨询机构，为科学开展项目管理，其必然在监理委托过程中提出全面而系统的管理要求，并要求其作为协助建设单位开展管理服务的第三方。项目管理咨询机构将对未来中标监理单位做出监管，从这一层面上看，如果不拒绝C单位的投标，考虑A单位与C单位所形成的利益共同体关系，似乎很可能会影响A单位开展项目管理服务，特别是针对监理管理的公正性。但如果A单位能够按照上述要求，摒弃利益本位，即便是针对与自己

具有利益共同体关系的C单位，仍能够客观公正地开展管理，则C单位的投标就可以不回避。以上对于投标回避的分析是从A单位维护管理科学性的角度做出的。

解析问题2：虽然C单位具有参与投标的权利，但相对于其他投标人，如果B单位组织的监理投标能够在确保三公及诚实信用原则的前提下进行，则C单位的投标就是有效的。虽然A单位与C单位存在关联关系，但正是由于这种关系的存在，B单位在组织招标活动中，有必要采取必要措施，确保不得因A单位的存在而致使招标活动公正性受到影响，也不得因A单位的存在使得C单位的投标更具优势。投标过程要采取确保落实三公及诚实信用原则的措施，例如向其他投标人披露A单位与C单位的关系等，A单位在招标阶段做出管理回避，采取必要措施确保其他投标人对维护公开透明交易秩序的认可。以上对于投标回避的分析是从招标投标交易的角度做出的。

案例启示：建设项目管理关系层次是分明的，招标竞争机制也是清晰的，在判断投标回避问题时，要综合考虑多种因素，秉持三公及诚实信用原则，并采取一系列保障公平竞争的措施做法。当然，这些保障公平竞争的措施做法仍有待深入研究。案例表明，案例项目的管理模式事前缺乏规划，如一开始就采用“项目管理+监理”的全过程工程咨询模式，就不会出现案例中投标回避的问题。由此来看，项目管理策划特别是合约规划工作是至关重要的。

## 3.2 延伸思考——各参建单位的利益本位

对于建设项目而言，从广义看，行政主管部门也可归属为项目的参建单位。而项目直接参建单位则一般仅指建设单位、其委托的项目管理咨询机构、勘察、设计、施工总承包及监理单位等。应该说，上述单位均拥有各自不同的建设利益追求。各参建单位的建设利益可理解为寻求得到满足和保护的建设权利请求、愿望或需求。项目参建单位对各自建设利益的追求决定了建设目标的实现及对建设管理局面的把握。在面向项目主体、事项及要素的三维全方位管理中，主体管理维度是核心。要充分发挥各参建单位针对行政监管的支撑作用，构建以建设单位为中心的协同管理体系。实际上，建设利益诉求比较广泛而复杂，且随着项目不同及实施进程不断变化。各参建单位出于对自身利益的维护，忽视了对项目整体及其他参建单位利益的考虑，进而出现了利益本位主义。认清参建单位利益内涵、克服本位主义对项目顺利推进意义重大。

1.参建单位建设利益的分类及关系原理

**（1）参建单位建设利益的分类**

参建单位的建设利益可能无形也可能有形，可能直接也可能间接。有关建设利益分类应从参建单位开展的工作入手，划分为以行政主管部门为代表的监管利益、以建设单位为代表的管理利益和以各参建单位为代表的服务利益。其中，行政主管部门关注公共服务利益实现，建设单位关注管理层面的掌控，而其他参建单位则关注自身持续发展等。有关建设项目各参建单位建设利益的类型详见表3。

**建设项目各参建单位建设利益类型一览表** 表3

| 实施主体 | 利益类型 | 核心利益 | | 一般利益 | |
| --- | --- | --- | --- | --- | --- |
| 行政主管部门 | 监管利益 | 公共服务利益 | 以监管区域战略规划为导向，关注区域宏观治理效果、区域总体经济与社会发展利益等 | 面向具体事项的监管 | 区域发展规划得以实现，项目具体监管要求得以落实，各参建单位对建设监管予以有效支撑等 |
| 建设单位 | 管理利益 | 管理层面的掌控 | 以项目管理规划为导向，有效处理各参建单位的关系，顺利行使权利、履行义务，转移或规避相关责任。关注对项目总体管理层面的把握，确保各参建单位对其管理予以协同，实现项目建设管理目标，完成既定管理任务等 | 面向具体事项管理与要素管理 | 排除干扰，顺利推进各项建设实施任务与管理任务，取得既定成效。顺利实施建设项目要素目标的管控过程，各项管理要求得以落实，各类建设需求得以满足等 |
| 项目管理咨询机构 | | | | | |
| 其他参建单位 | 服务利益 | 可持续发展 | 以具体服务方案为导向，关注服务推进的顺畅性和稳定性，确保取得预期收益与核心竞争力等 | 面向具体服务 | 具体服务过程中有关请求、要求、愿望或需求的实现，规避相关责任，顺利行使服务权利，获取履行义务的基本条件。排除干扰，顺利完成各类服务事项，实现既定服务目标等 |

**（2）参建单位建设利益关系原理**

从项目总体利益视角来看，如表3所示建设利益中，行政主管部门所关注的监管利益是首要利益，建设单位管理利益统一在监管利益之下，而各参建单位服务利益则统一在建设单位管理利益之下。换言之，行政监管利益决定了建设管理利益，而建设管理利益又决定了建设服务利益。反之，建设服务利益影响着建设管理利益，而建设管理利益又影响着行政监管利益。在三维管理中，建设单位追求和谐融洽的建设管理关系及面向各建设事项的优秀成果。通过对以上两类利益的满足，使项目建设要素管理目标得以实现。行政监管利益、建设管理利益和建设服务利益的实现依赖于各参建单位的共同努力，且必须建立在良好协作的基础上。在某种程度上，建设项目各参建单位核心利益统一于行政监管利益之下，尤其对于政府投资建设项目而言，行政监管利益是广泛而共同的公共利益。

从参建单位各自利益视角来看，各自核心利益与一般利益间也存在着相互作用。各参建单位核心利益驱动自身行为，影响着对一般利益的追求，反之，一般利益追求也促进了核心利益的实现。或者说，核心利益实现是以一般利益实现为前提，并为追求一般利益提供保障。当核心利益受到威胁时，则一般利益实现过程也将受到影响。参建单位各自利益本位致使行为可能出现对抗。需指出，各参建服务单位关注其可持续发展能力，在追求经济利益的同时，还格外注重服务资源积累，谋求核心价值的实现与提升。

（3）**参建单位的建设利益链**

参建单位利益类型的多样性决定了建设利益链的多元化。所谓建设利益链是指各参建单位在追求建设利益时所形成的共同的利益联系和路径。建设利益链深刻影响了各参建单位的协作关系。除行政主管部门及建设单位外，各参建单位普遍追求经济利益，这种经济利益追求的一致性导致项目经济利益链的产生。例如建设项目服务费用计取往往以项目建安投资为基数，各参建单位由此均期望项目建安投资能有所增加，以谋求更高的经济收益。在三维管理中，多元化的建设利益链主要体现在要素管理维度，以目标为导向的管控过程使各参建单位具有一致的目标利益导向，形成包括项目进度、质量、安全、风险等在内的多种利益链。一旦上述某一利益链出现问题，则整个链条上该类建设利益均受到影响。当然，从主体管理维度来看，这种利益链的形成还表现在各参建单位责任、权利和义务关系上。根据责权对等原则，当建设项目利益链上某一参建单位建设权利受到影响时，其他参建单位的权利往往受到影响。在事项管理维度，由于各事项间存在着普遍联系，特别是当某前置条件事项受到影响时，则相关参建单位谋求该建设事项后续实施过程及成果利益必然随之受到影响。

2.参建单位的建设利益本位

（1）**建设利益本位内涵与成因**

所谓建设利益本位就是以自身建设利益视角开展工作，将自身建设利益凌驾于其他参建单位利益之上的表现。实践中，建设利益本位是必然存在的，也恰恰反映出参建单位各自服务价值与作用。虽然利益本位因项目及环境变化而不同，但各参建单位核心利益本位相对比较稳定。利益本位使各参建单位缺乏全局视角及换位思考，导致问题处置出现非系统性或碎片化情形，如违法违规、与行政监管及建设管理对抗等现象。利益本位是“形而上学”的且非辩证的，必定为建设项目实施带来负面影响，对面向三维管理融合构成挑战，反映出建设项目管理的一个重要本质特征。

参建单位对各自利益的追求使利益本位呈现必然性，且无论在方向或是程度上都很难改变，直接影响了参建单位的服务品质、价值和效果。这种各参建单位建设利益本位与建设单位管理的对抗扼杀了建设管理利益的实现，挫败了管理的能动性。

（2）**主体管理维度利益本位**

建设利益本位对围绕建设单位管理协同将产生致命影响。在该管理维度，利益本位表现在参建单位仅顾及各自责任、权利和义务的履行，而忽略了与其他单位的合同责权利关系，出现权利滥用、责任推脱与义务不清等现象，从而引发协作关系混乱。此外，还可能使参建单位突破合同条款束缚，呈现彼此对抗，从而改变角色分工等。

（3）**事项管理维度利益本位**

事项管理维度的利益本位典型表现在针对合同约定事项的推进上。但建设单位出于管理需要而要求参建单位提供管理伴随服务，以及各参建单位协作完成任务和关联任务等方面具有突发性和灵活性特点，上述任务涉及的参建单位可能会消极回避。事项任务间的普遍联系给该维度管理带来影响，尤其是当某参建单位实施事项需由其他单位实施事项作为前置条件时尤为明显。

（4）**要素管理维度利益本位**

要素管理间的割裂是该维度利益本位的典型表现。各要素管理的过程彼此孤立，无法使各要素管理间建立有效的内在联系，项目管理在该维度的融合度降低，无法确保项目在各要素管理约束条件下达到最优状态。项目管理过程表象地具有独立目标特性。该维度利益本位与面向主体管理维度的利益本位密切相关，并带有强烈的主观偏好，加深了参建单位利益对抗的可能。

3.克服建设利益本位局限的举措

克服参建单位利益本位的负面影响，需要围绕主体管理维度强化协同，使建设项目各参建单位本位视角下的个体利益与建设单位全局视角下的整体利益相统一。建设单位管理要充分考虑各参建单位利益本位，特别是根本利益，或者说需要确保各参建单位本位追求与建设单位管理利益保持一致。项目整体管理利益的实现建立在各参建单位本位利益基础上，由此才能确保项目建设实施中整体利益链的科学构建，形成与建设项目治理体系配套的利益体系。这种科学利益链格局将有效提升管理效能，也必将促进建设项目管理服务的高质量发展。

**（1）克服事项管理维度利益本位局限的对策**

有必要对建设项目各类既定事项进行分解，并将高度关联事项予以合并，以减少由不同参建单位主导高度关联事项的频率。典型地，以全过程工程咨询方式实施建设项目服务。分析建设项目不同服务事项联系后，确立关联事项的接口任务事项；关注前置事项对后续事项的影响，确保前后事项有序衔接；科学实施建设项目合约规划，采取科学化的招标管理方法等。从深层看，该维度诸多事项是出于行政监管或法律强制要求而做出的，减少针对其本位利益的对抗是克服该维度利益本位局限的根本。

**（2）克服主体管理维度利益本位局限的对策**

主体管理维度的利益本位所造成的管理对抗现象最为显著，对建设项目构建管理协同体系构成重大挑战。克服主体管理维度利益本位局限最有效的方式就是重构参建单位内在联系，促使形成共赢格局。以打造合作关系为基础，创建共同愿景，包括促进各参建单位项目主导权回归，避免权利冲突和交叠情形等。实践中，针对各参建单位责任划分表面上虽然清晰，但实际上由于不同参建单位主导事项的高度关联，则可能出现更大的问题。为此，挖掘不同参建单位主导事项内在联系并开展关联设计是有必要的。要特别注重激发各参建单位能动性，确保管理协同体系构建优于各参建单位本位利益追求。

**（3）克服要素管理维度利益本位局限的对策**

实践中，要素管理维度的建设利益本位也比较明显，而消除本位局限的思路同样十分清晰。这是因为，要素管理维度中建设利益本位直接反映了项目实施效果。克服利益本位局限的过程就是促进项目实施目标实现的过程。正如前文所述，该管理维度建设利益本位的根源是由要素管理割裂造成的。因此，要着力建立各管理要素间的内在联系，并基于此促进管理目标的实现。典型做法是在各类项目管理约束条件下搭建要素管理的最优化模型。

深入分析探究建设项目各参建单位建设利益本位，为营造积极主动的管理局面、把握参建单位协作平衡提供了切入点。基于协同思想搭建的参建单位共赢协作局面，为克服建设利益本位局限指明了方向。而三维管理理念则为克服具体的建设利益本位局限提供了思路。有关针对各参建单位建设利益本位的思考是永恒的，对实施建设项目全方位管理特别是面向主体维度的管理意义非凡。相信伴随着建设利益本位局限的克服，建设项目管理效能也将逐步显现，工程建设高质量发展进程将进一步加速。

# 第4章　工程招标高质量监管

## 导读

归还交易主体权利、释放主体交易潜能是招标投标监管改革的重要方向。沿着全面深化改革总体思路，重点针对监管机制、交易过程和市场环境实施一系列卓有成效的举措。建立健全宏观经济治理体系，厘清政府与市场的关系，确保对市场需求的总体把握。充分发挥行政监管引领作用，从供给端发力，推行“供给侧结构性”改革，并使“放管服”改革与之协同。实施“优化营商环境”改革和以“新一代信息技术”为代表的技术变革，以数字化转型助力高质量发展，从而实现“需求牵引供给、供给创造需求”的良性循环。着力构建建设领域高水平市场交易监管体系，确保对高标准项目治理体系和高品质咨询服务体系形成引领效应。当前，我国某些地区交易壁垒仍然存在，区域监管便利化倾向仍十分明显，监管裁量不够规范，束缚了交易主体权利的行使，主体能动性未能得到有效激发，需要进一步加大市场化改革的力度。

本章共有9个案例，聚焦行政监管与建设管理的关系，并厘清二者的边界。重点分析监管改革的必要性，阐述当前监管本位取向，介绍某些领域监管缺失的情况。此外，还围绕如何打造建设领域高标准市场体系做了延伸思考，旨在让读者明白未来建设市场交易监管所期望达到的理想状态。通过本章学习，读者将对建设领域交易监管改革形成更加清晰的认识，能够对交易主体科学行使权利有更加精准的把握。此外，也有利于咨询服务机构推进创新发展进程，从而为行政监管及建设管理提供有力支撑。

# 4.1 案例解析

## 4.1.1 招标投标交易监管改革

### 案例14 交易监管改革必要而迫切！

当前，建设领域招标投标交易虽十分活跃，但有些地区的交易质量并不高，市场未能充分释放交易主体活力，招标人对如何改善招标活动质量以及投标人对如何充分响应招标文件也没有很好的思路。部分地区行政主管部门对改善交易过程虽采取了一系列措施，但仍存在一些突出问题，例如作为建设单位的招标人承担着建设主体责任，理应拥有充分管理权利，出于对管理利益的强烈诉求，其对缔约的科学性往往高度关注，但行政主管部门并非建设主体，虽无须承担建设管理责任，监管聚焦于合法合规性方面，对建设单位管理利益诉求缺乏支持；再例如，市场化改革强调市场对资源配置的决定性作用，迫切需要对招标投标交易实施科学引导。交易监管本应围绕捍卫交易主体的利益展开，但事实并非完全如此。还例如，由于项目建设目标各异，在中标优选问题上本应呈现多元差异化的趋势。然而，很多地区的评审方法却比较单一或趋同。上述典型问题均掣肘了地区招标投标交易的健康发展。

**案例问题**

问题：为什么说招标投标交易监管改革是必要而迫切的？

**案例解析**

解析问题：案例反映出当前我国部分地区招标投标交易确实存在一些突出问题，凸显出市场交易领域监管改革的艰巨性和必要性。以高质量发展为主题，努力实现有价值的交易，行政主管部门必须厘清当前面临的突出问题，对照改革要求，尽快采取有效措施。应该说有关招标投标交易监管改革是必要且迫切的，主编作者曾在《高质量工程招标指南》一书中对改革必要性和迫切性做了深刻阐述，并认为改革的必要性包括如下方面：

一是释放交易主体潜能的需要。通过监管改革，进一步明确招标人与投标人在缔约交易中的地位，赋予交易主体行为更高自由度，注重从履约视角对缔约监管实施改革，引导主体充分利用缔约交易过程满足正当利益诉求与需要。针对标的特点形成多元化优选机制，确保招标活动真正发挥作用。实现履约效果，要以主体利益为中心，树立以服务为本的监管导向，避免监管越界。

二是发挥政府投资带动作用的需要。招标投标交易是政府投资项目广泛采用的交易方式，交易监管更是政府投资项目监管的重点。招标投标领域改革有必要从政府投资的重点行业、专业领域入手，发挥改革试点效应。政府投资带动作用不仅体现在对社会投资带来的积极影响，也体现在对项目管理过程的规范引导中，更体现在对项目实施效果的示范性作用等方面。只有立足发挥政府投资带动作用，才能使我国的总体改革更见成效。

三是提升综合服务监管水平的需要。招标投标交易作为市场化监管的重要领域，在“放管服”改革中将发挥积极作用，招标投标交易监管改革应进一步探索如何逐步释放交易监管的空间。变革监管做法，有必要加快建设招标投标交易大数据系统，利用“互联网+”构建交易平台，实现在线监管，深入推进电子招标投标，将交易与监管有机结合。

四是推进法治中国建设的需要。招标活动涉及相关法律、法规十分广泛，伴随着行业改革，《招标投标法》法律体系优化十分迫切。要进一步完善招标投标领域法治建设，从顶层设计上重新定位法律与政策体系功能。要促进《招标投标法》与其他法律体系有效衔接，通过法律体系调整优化实现市场化改革的目标，尤其需加强监管行为自身规制，完善监管执法依据，强化监管执法力度。

五是创新社会治理体制的需要。在具体招标项目中，相比招标人而言，潜在投标人众多，尤其是重大项目招标活动往往具有广泛的社会关注度，即便是社会大众也具有一定的参与权。要进一步营造社会监督氛围，在社会治理方面大胆创新，充分发挥公共监督作用，共同构筑行业自律和良性发展环境。

六是建设现代化市场经济体系的需要。建立统一开放、有序竞争的现代化市场体系，需要依托招标投标监管改革，从正确引导交易主体行为入手，从顶层设计上优化招标投标程序，将主体信用作为重要考量因素，构建科学的交易信用监管体系。使招标活动组织向着构建高标准市场体系目标靠拢，提升市场资源配置效率与质量。招标投标交易监管改革应与当前我国全面深化改革保持一致，正确审视当前行业面临的突出问题，厘清根源，全面推进国家高质量发展。

## 案例15　监管能不能这样“放”

为进一步释放建设领域市场交易主体活力，归还主体权利，某地行政主管部门决定对招标投标交易监管实施“承诺制”。具体思路是：不对招标投标交易过程中招标人发放的招标文件进行详细审查备案，而仅要求招标人承诺其所发放的招标文件符合法律、法规的规定。“承诺制”要求招标人在招标过程中若存在违法行为，则由其自行承担相应法律责任。为此，该行政主管部门将监管目的唯一地确立为合法合规监管，或可以理解为确保交易主体行为的合法性。

### 案例问题

问题1：在“放管服”改革背景下，招标投标交易监管改革的方向是什么？

问题2：行政主管部门对交易活力释放的认知是否正确？其做法是否合理？

### 案例解析

解析问题1：在“放管服”改革背景下，案例中招标投标行政主管部门实施的交易监管做法显然是机械化、表面化地落实改革要求，而对改善地区交易环境，尤其是对归还交易主体权利、释放交易活力缺乏实质性举措。在建设领域高质量发展的今天，工程招标作为建设领域市场交易的重要方式，应首要树立对高质量发展的正确认识，深刻领会高质量发展内涵。总体来看，高质量工程招标是顺应全面深化改革，贯彻新发展理念，以“供给侧结构性”改革为主线，以建设现代化经济体系为目标的招标。当前，招标投标交易监管改革的方向应从行政监管、建设管理及咨询服务三方面展开。要立足如何确保改革要求落地实现，以提升监管能力为出发点，促进招标人权利回归，引导其实施科学管理。为实现这一目标，就必须要求广大咨询服务机构加大服务创新力度，确保与建设单位管理有效协同并对建设监管形成有力支撑。

解析问题2：在工程建设领域，推进市场化改革应从改善交易过程入手。《招标投标法》明确了行政主管部门有关交易监管的义务，法律将招标投标交易以法定程序的方式确定下来，本质上使其具备了强制性的特征。从深层看，激发市场主体活力、改善交易潜能就必须释放交易空间，摆脱过度监管的局面。要对市场主体和交易行为施以合理引导，围绕市场主体利益确立符合时代要求的信用体征。本案例中，行政主管部门仅立足交易开展合法合规性监管显然是不够的，缺乏将改革引向深入的魄力。这种所谓“放”的做法非但不能确保改革目标的实现，反而可能使其偏离科学轨道。要促进交易主体科学行使权利，给予释放各自能动性的条件，努力提升交易充分性，最大化诠释建设管理诉求和履约管理效能。

案例启示：将改革引向深入并非一句空话。市场交易的科学开展及工程招标高质量发展均离不开行政监管的正确引导，而行政监管自身能力提升是前提。当前，深化改革要求已十分明确，落实改革的举措也比较清晰。面对改革的攻坚阶段，需组织社会各界加强对掣肘改革问题进行深入研究，凡是有利于改革的做法都要坚定不移地做下去。

## 案例16　招标何以沦为“轮流坐庄”工具?

某地行政主管部门为规范当地施工评标活动，以颁布规章方式强制采用“综合评估法”。该方法采用百分制评分设计，评审内容包含两个方面：一是“施工组织设计”的技术类评审；二是“投标总报价”的经济类评审。该方法还分别对“施工组织设计”及“投标总报价”总分值比例做了规定，即经济分不得低于40%，技术分不得高于60%。为进一步确保评审的规范性，强制要求招标人仅可围绕施工组织设计常规事项进行评审并设置分值，如“二次搬运、冬雨期施工、施工组织的进度、质量及安全管理等”。该方法在该地区执行多年后，施工招标投标交易市场出现了“轮流坐庄”的怪象，即总是有少数具有较高资质的施工总承包单位轮流中标，似乎唯有这几家单位具有较高的“能力水平”。由于这几家施工总承包单位经常中标该地区项目，多年来积累了丰富的地区施工经验，并与该地区建设单位建立了“紧密”联系，域外施工企业很难打入该地区市场。

## 案例问题

问题1：“轮流坐庄”现象反映出案例所在地区招标投标交易存在什么问题？
问题2：面对高质量发展，该地区应如何对交易监管施以正确引导？

## 案例解析

解析问题1：本案例反映出该地区行政监管存在“越位”现象，未能有效引导市场主体交易行为，也未能达到招标人权利回归的效果。该地区长时间采用“综合评估法”导致的“轮流坐庄”怪象已使得该地区形成了交易壁垒，导致域外企业很难参与该地区市场交易。该地区多次中标的施工总承包单位，长期从事该地区项目，垄断了该地区施工市场，若继续发展下去，该地区缺乏有效竞争的市场环境终将给当地交易主体利益和交易秩序造成损害。案例表明，该地区迫切需要将“放管服”及“优化营商环境”改革引向深入。行政主管部门必须为营造公开、透明的市场环境做出更大的努力。

解析问题2：合理引导招标人结合项目有针对性地制定评标方法，而非越俎代庖，必须将评标方法制定权利交还招标人。该地区行政主管部门可尝试对招标人确定评标要素、设置分值给出指导意见，但意见须从立足改革要求、激发交易主体活力、释放交易潜能出发。例如针对技术要求高、施工难度大的项目引导采用“两阶段”招标，针对不同专业领域鼓励招标人创新评标方法，提倡通过“多元优选”促进优选效果的多样性，以提升地区总体交易质量。

案例启示：交还招标人自行制定评标方法的权利，并非任由招标人肆意确定评标方法，而是要对其制定评标方法的出发点予以监督把关。例如，要看招标人制定的评标方法是否充分结合项目特点，是否能够从提升管理成效出发，是否有效满足项目科学管理的利益诉求，是否有利于诠释投标人的服务价值，是否有利于解决掣肘项目推进的关键问题，是否有利于营造公开、透明的市场环境，以及是否有利于增强招标项目的市场竞争力等。

### 4.1.2 招标投标交易监管依据

## 案例17 《中华人民共和国招标投标法》与《中华人民共和国政府采购法》的适用性

某大型政府投资公共服务类建设项目，建设内容对应投资来源为固定资产投资和财政配套预算资金两个方面。项目初期，建设单位委托了项目管理咨询机构和招标代理机构分别为其开展招标管理及招标活动组织。项目管理咨询机构出于科学管理考虑，希望将本项目来自固定资产投资和财政配套预算的建设内容同步招标。但招标代理机构认为：本项目建设内容分属不同资金来源，招标采购适用的法律不同。其中，固定资产投资对应建设内容招标适用于《招标投标法》，而财政配套预算对应建设内容采购则适用于《中华人民共和国政府采购法》（以下简称《政府采购法》）。两类活动在招标与采购方式、程序及监管要求等方面存在较大差异，建议本项目针对不同资金来源分别组织开展招标采购活动。

**案例问题**

问题1：招标代理机构和项目管理咨询机构谁的主张更合理？

问题2：如何把握两部法律（以下简称两法）适用范围并对两法衔接做出判定？

**案例解析**

解析问题1：招标代理机构的主张是比较合理的，但项目管理咨询机构的主张也不能说行不通。总体来看，工程招标或政府采购所履行的法定招标与采购程序均需分别按照两法要求展开。但为了便于两类资金对应工程内容的衔接，同步开展招标采购更为高效。这也需要将项目内容进一步细化，并有针对性地做出合约规划，按照不同资金来源对应建设内容统筹考虑招标与采购时序。如果按照项目管理咨询机构的建议，将两类资金内容合并招标采购，就需要发展改革部门会同财政部门针对交易过程实施联合监管。

解析问题2：从当前《招标投标法》与《政府采购法》法律衔接的相关约定

看，两法适用范围及衔接问题的判定是比较复杂的。若非专业人士很难将这个问题说清楚。个别情况下，两法适用范围与衔接似乎并不清晰。为使读者更好地掌握这个能力，有必要把握以下两点：

一是，关于两法适用范围和衔接的判定要立足工程招标与政府采购活动的不同特性。其中，政府采购公共特性是工程招标所没有的，这必然决定了采购人与招标人性质上的差异，进而决定了政府采购和工程招标目标有所不同。因此，主体性质是两法适用范围及衔接的首要判定因素。根据现行法律，凡国家机关、事业单位、团体组织组织的交易活动往往被初步判定为政府采购活动。

二是，两法均明确了行政主管部门针对缔约交易的监管义务。其中，工程招标由发展改革部门监管，政府采购由财政部门监管。两个行政主管部门针对工程招标或政府采购活动的监管是针对项目资金监管实现的。进一步讲，资金性质特别是政府投资的资金来源成为两法适用范围和衔接的又一个重要判定因素。凡纳入固定资产投资资金所实施的工程内容均适用于《招标投标法》，凡非纳入固定资产投资且采用财政预算资金所实施的工程内容均适用于《政府采购法》。换言之，如果从这两类资金来源上无法判定适用范围，则可能造成两类活动的监管交叉。实际上，现行监管体制针对这两类活动的监管是比较清晰的。例如在政府投资建设项目中，不属于新建、改建、扩建而单独实施的工程招标适用于《政府采购法》就是出于这一考虑。

案例启示：《招标投标法》调整的工程招标活动与《政府采购法》调整的政府采购活动有很多相似之处，但两法订立的出发点却不同。总体来看，《政府采购法》调整的政府采购活动相对于工程招标而言是比较特殊的。例如，政府采购活动具有特殊的资金来源、特殊的组织主体、特殊的标的性质及特殊的交易绩效要求等。从我国现行市场交易法律体系看，这是将特殊交易做特殊考虑的做法。为此，多年来虽然有关两法合并的争议不断，但市场交易的客观规律却对两法分置提出了必然需求。

## 案例18　标准合同文本是不是“必选”？

某地区，在某政府投资医院建设项目的施工总承包和监理招标中，为便于后期管理，建设单位在招标文件的合同条款中加入了大量的管理条款。这些条款主要出于满足项目投资、进度、质量管理的需要，核心是确保施工总承包及监理单位在实施阶段更好地开展合同履约，服从建设单位管理。在招标代理机构办理招标文件备案过程中，行政主管部门监管经办人员认为招标人加入的管理条款导致合同条款中的有关责权约定不对等，随即要求将条款全部删除，并强制要求建设单位严格执行标准文本且不得在标准文本基础上再补充其他内容。考虑到项目工期紧迫，为尽快完成招标文件备案手续，建设单位只得按照行政主管部门要求删除了全部管理条款，随即完成了招标活动。然而在后期施工中，施工总承包单位拒不服从建设单位管理，施工履约管理效果不佳。

## 案例问题

问题1：案例地区行政主管部门针对招标投标交易监管存在什么问题？建设单位在招标文件中补充针对后期履约的管理条款是否正当？

问题2：如何从建设单位视角看待建设工程合同内容的对等性？

## 案例解析

解析问题1：显然，该地区行政主管部门的监管做法与深化改革要求不相适应，存在严重的监管本位和便利化倾向。行政主管部门监管经办人员对招标文件备案审查的做法限制了招标人编制招标文件的权利。需指出，《招标投标法》赋予了行政主管部门监管权力。但实践中，部分地区监管裁量过度影响了招标人权利的行使，表现在裁量权实施范围广，几乎针对所有的招标法定环节及交易行为，以及裁量权行使缺乏基准、弹性过大等。

解析问题2：建设项目的复杂性决定了合同内容的丰富性。有关建设工程合同对等性的理解不能停留于表面。在我国建设体制中，建设单位作为项目实施主体，肩负着组织项目建设的重任。在建设项目管理中，建设单位处于较高的管理层级，其核心利益是建设管理利益，核心诉求是建设管理诉求。因此，建设工程合同中体现建设单位管理利益内容恰恰是对等性的体现。出于管理需要而确立的合同条款对等与否主要看内容是否科学。本案例中，建设单位出于合同履约管理的考虑，补充有利于项目后期施工管理的条款并未破坏合同内容的对等性，这是建设单位正当主张管理诉求的正常表现，也是确保中标单位提供有价值服务的科学做法。当然，建设单位补充管理条款势必增加承包人的合同义务。为确保合同约定的严谨性和公平性，应加强有关承包人合同义务对应权利的约定。

案例启示：所谓招标人权利回归是针对权利缺失、受限的情形，使招标人恢复行使科学缔约权利，以保证其合理诉求和根本利益实现。确保招标人权利回归是招标投标交易监管改革的重要发力点。主编作者在《高质量工程招标指南》一书中专门对此做过详细论述，并指出引导招标人权利回归的出发点包括如下方面：

(1) 从招标人正当合理利益出发。保障招标人合理利益是确保其主观能动性释放的前提，更是实现科学履约的基础。尊重招标人缔约主体地位，应从维护其正当利益出发推进权利回归进程。

(2) 从招标活动本质特征出发。招标人权利回归必须通过立法手段，运用法律强制力予以保障。最大化通过投标竞争实现评审优选效果，始终确保实现严谨的招标过程，以捍卫招标人权利的严肃性与权威性。赋予招标人在组织招标活动有关时效管控的灵活性，使招标人权利行使得到更为科学、合理的时间保证。应牢牢抓住工程招标缔约性的本质特征，使招标人拥有内在联系科学、层次清晰的权利体系。

(3) 从行业改革总体要求出发。“放管服”改革对招标投标领域产生了重要影响，鉴于招标投标交易在我国构建现代市场经济体系中发挥了重要作用，招标人权利回归应处理好“收”与“放”、“松”与“紧”的关系。总体来看，对于关乎招标人利益及行为自由的权利可适当放宽，对于规范市场公平、规范交易秩序、提升交易质量、促进资源配置效率的权利可适当收紧。

(4) 从明确招标人主体责任出发。在深化改革背景下，招标人被赋予更加多元的主体责任，招标人权利回归应确保与招标人责任保持一致。尤其对于建设项目，招标人作为项目法人承担着建设项目主体责任，肩负着十分繁重的建设任务。只有确保责权对等才可能使其权利真正发挥作用，厘清并提出招标人所应承担的责任，才能促进权利回归路径更加清晰，回归过程更加顺利。

## 案例19　监管“缺失”，后患无穷

某地区政府投资大型医院建设项目含大量医疗专业工程，包括物流小车、医疗气体、气动物流、净化、防护、污水处理站以及医用标识工程等。上述工程均以暂估价方式纳入施工总承包范围，且均达到依法必须招标的规模与标准。当施工总承包单位会同建设单位针对上述工程办理招标投标交易登记时，却被告知不予受理。该地区行政监管人员回复原因：一是认为上述工程不属于房屋建筑项目监管范围；二是受限于对医院专业技术的理解，监管人员没有能力对上述专业工程招标文件实施审查。最终经招标人协调，行政主管部门不再对该项目医院专业工程暂估价招标实施监管，而仅作为项目招标投标交易有形市场使用。而后，该医院项目暂估价招标进展缓慢、投诉频发，项目总体建设进度也一拖再拖。

## 案例问题

问题1：该地区医院类项目招标进展缓慢、频遭投诉反映出什么问题？

问题2：该地区行政主管部门针对医院项目招标监管反映出什么问题？

## 案例解析

解析问题1：当前，我国部分地区尚未针对医院建设项目招标投标交易建立监管机制，也未构建用于医院建设项目招标投标交易的平台环境。长期以来，市场主体投标能力和信用水平参差不齐，加之对医院建设交易市场缺乏有效引导和科学管理，上述因素叠加是导致医院建设项目暂估价招标推进艰难的主要原因。

解析问题2：该地区行政主管部门针对医院专业工程是否应纳入其监管范围的答复是有道理的。因为医院建设项目虽属房屋建筑范畴，但医院专业工程是一种极具特殊功能的复杂工程，而地方建设行政主管部门所能够监管的招标项目在医院专业领域存在局限，表现为：无法在备案资格预审文件中把关项目投标人资格条件，无法对招标文件中投标要求尤其是涉及医疗专业内容开展审查等。根据我国现行招标投标监管分工，有必要考虑将医院项目招标投标交易纳入医疗卫生行政主管部门监管范畴，并与建设行政主管部门实施联合监管。

案例启示：多年来，我国招标投标交易监管形成了由发展改革部门牵头，各行业主管部门分管的格局并实施属地监管。然而，招标投标交易涉及领域广泛，且这些领域交易活跃程度不同，不乏有些热点领域交易频繁。近年来，为了改善民生，不少地区加大了公共服务建设项目的投资力度。本案例医院建设项目就是比较突出的公共服务建设领域。为避免监管缺失，发展改革部门应牵头优化针对医院建设交易的监管机制，会同医疗卫生和建设行政主管部门共同研商建立联合监管机制。不仅如此，属地政府也有义务贯彻落实改革精神，积极优化属地监管机制，有针对性地提升属地监管效能。当然，关于如何加强招标投标交易的专业监管以及有哪些行之有效的做法仍值得深入探究。

### 4.1.3 招标投标交易监管实务

## 案例20 电子招标投标应如何“管”？

某地区开展电子招标投标交易活动，为响应电子招标文件中的投标要求，在投标文件编制过程中，投标人将营业执照、资质证书、类似项目业绩合同扫描件放入投标文件。评标委员会能够通过电子评标系统查看投标文件中的上述内容。电子评标系统也能够实现“背靠背”评标，保障了评标过程的公正性。但该系统实施一段时间后，却暴露出如下问题：(1) 评标专家仍需人工识别投标文件中上述扫描件内容，且由于某些扫描件不清晰，偶尔出现无法识别的情形；(2) 如果投标人数量多，则评标工作量将明显加大，系统缺乏高效评审的辅助功能；(3) 系统对投标文件真实性判定能力不强，缺乏必要的辅助性手段；(4) 投标人不能通过系统获知评标结果等。

**案例问题**

问题1：该地区开展的电子招标投标交易活动存在哪些问题？

问题2：为解决该地区电子评标系统问题，行政主管部门应如何做？

**案例解析**

解析问题1：从该地区电子招标投标交易发展看，电子评标系统似乎未能充分运用信息技术优势实现高效评标。暴露出该地区公共资源交易数据共享不充分、系统衔接能力及与用户交互能力与智能化水平偏低，面向交易实体需求的扩展性不强，可以说，电子招标投标交易的发展偏离了初衷。

解析问题2：要改善该地区电子招标投标交易现状，行政主管部门任重而道远。推进本地区工程招标高质量发展，就必须加速交易数字化转型进程。着力构建高标准的市场交易电子监管平台、管理平台和服务平台，并以高标准市场交易电子监管平台为引领，将电子管理平台和电子服务平台整合，形成地区高标准市场交易大系统。具体来看，在该系统中，市场交易电子管理平台和电子服务平台为电子监管平台提供有力支撑，而市场交易电子服务平台又为电子管理平台提供协同。本案例暴露出的电子招标投标交易发展问题，反映出电子交易管理功能缺失，市场电子交易服务未能与之保持协同。

当下，地方行政主管部门有必要在公共资源交易数据共享调用、智能评审、评标过程辅助决策及评标结果跟踪落实等方面优化改进系统，可分别从促进交易数据共享调用、客观数据智能评审、主观数据辅助决策以及评审要求跟踪改进等方面发力，推进电子招标投标交易的发展。

案例启示：电子招标投标交易发展是一项系统工程，不仅是信息技术的应用，更是各类资源整合和协同机制的搭建过程。为了更好地促进电子招标投标交易发展，必须加强电子招标投标交易系统建设规划，统筹好交易监管、建设管理与咨询服务三层面工作。在高质量发展背景下，电子行政监管、电子建设管理和电子咨询服务体系建设尚处于初级阶段，电子招标投标交易的发展仍面临诸多棘手问题，需要对此开展一系列更加深入的探究。

## 案例21　EPC招标投标交易监管“路在何方”

某地区新建政府投资粮食收储库平房仓项目，建设单位拟采用EPC（设计施工一体化）模式组织实施。在招标时，由于设计与施工分属该地区规划和建设主管部门监管，两个主管部门均表示仅能开展设计、施工各自独立的招标投标交易监管，而不能实施设计施工一体化（EPC）招标投标交易的监管，这直接导致无法就该粮食收储库平房仓项目实施EPC模式。迫于此，建设单位不得不调整该项目建设组织模式，而将设计与施工总承包分别招标。

### 案例问题

问题1：该地区规划和建设主管部门的监管做法是否存在问题？

问题2：该地区应如何对EPC项目的招标投标交易实施有效监管？

**案例解析**

解析问题1：案例显示出该地区针对EPC招标投标交易监管的乏力。显然，当地政府未能将改革引向深入，特别是该地区规划和建设主管部门未能及时优化监管机制，这是掣肘当地EPC模式推行的主要原因之一。

解析问题2：为使EPC招标投标交易得到有效监管，该地区行政主管部门需主要解决如下问题：（1）明确该地区规划与建设主管部门就EPC招标投标交易联合监管的职责分工。（2）结合当前EPC项目发展现状，明确EPC承包主体市场准入资格条件，采用多种方式营造EPC项目市场竞争环境。（3）做好EPC招标投标交易所需各类资源建设及交易监管保障工作，如专家库、合同及招标文件示范文本等。（4）明确EPC项目实施条件，特别是交易监管所应具备的初始条件。结合传统建设程序，针对EPC项目不同建设阶段，就土地、投资、规划、专项评价、专项审查等行政许可事项理顺各行政主管部门职责，并围绕EPC招标投标交易实施项目管理与行政监管协同。（5）就EPC项目计价、工期、质量等管理深入研究，以便在EPC招标投标交易监管中对实施主体给予科学引导。（6）明确先期接受监管的EPC项目类型，循序渐进地采取试点方式摸索经验并持续改进。

案例启示：EPC招标投标交易监管相比传统交易监管提出了更多的创新要求，需要相关行政主管部门实施联合监管。不仅如此，由于EPC招标投标交易比传统交易更加复杂、监管要求更高，有必要对传统监管机制做出优化，特别是需加强招标投标交易准备、过程文件备案、评审方法确定、招标绩效评价等工作。

## 案例22　常见的“结算协议”合不合法?

某政府全额投资新建办公楼项目，建设单位着急投入使用办公楼。项目在勘察、设计工作尚未完成的情况下就仓促启动了施工总承包招标。招标文件基于行政主管部门颁布的《中华人民共和国标准施工招标文件》编制。招标完成后，项目又采用尚未完善的施工图组织施工。半年后才完成项目施工图设计工作。由于施工招标阶段图纸未完善等原因，很多内容并未纳入工程量清单，加之项目实施中又新增不少内容，项目结算价款相比合同价需做出较大调整。

对此，建设单位会同监理单位就施工总承包的价款争议组织了多轮协商，终于就项目结算价款问题达成一致，并形成会议纪要。为巩固谈判成果，监理单位又组织建设单位与施工总承包单位签订了一份补充协议。而后，当双方将补充协议送交行政主管部门备案时，行政主管部门经办人员在未对补充协议详细审查的情况下，就对两家单位签订补充协议的做法进行了严厉的批评教育，且拒绝备案。

## 案例问题

问题1：建设单位与施工总承包单位签订的补充协议是否有效？

问题2：针对案例问题是否存在更加合理的处置方式？

## 案例解析

解析问题1：本案例中，项目施工总承包招标是比较仓促的，很多内容并未纳入招标工程量清单，价款未得到有效竞争，调整情况较多。项目招标文件基于行政主管部门发布的《中华人民共和国标准施工招标文本》编制，合同约定应该是比较完整而系统的，尤其对于工程变更、认质认价、合同价款等约定比较明确。尽管项目工程变更多，但合同履约依据充分。换言之，建设单位与施工总承包单位再行签订补充协议的必要性存疑。

《中华人民共和国招标投标法实施条件》（以下简称《招标投标法实施条例》）第五十七条指出："招标人和中标人应当依照招标投标法和本条例的规定签订书面合同，合同的标的、价款 、质量、履行期限等主要条款应与招标文件和中标人的投标文件的内容一致。招标人和中标人不得再行订立背离合同实质性内容的其他协议。"即便是签订补充协议，也仅限于"不背离合同实质性内容"。因此，案例中补充协议签订是否有效，应具体分析。如果不背离合同实质性内容，而是在原合同框架下细化的约定，则补充协议的做法是有效的。行政主管部门在未经详细审查就拒绝对补充协议进行备案，且对建设单位和施工总承包单位给予批评教育的做法不妥。

解析问题2：本案例中，设计成果完善过程导致施工内容发生变化，应首先从施工合同中关于价款调整、工程变更的约定入手分析。需指出，施工范围、价款调整、价款结算等往往涉及合同实质性内容，实践中建设单位与施工总承包单位确实需要补充不背离合同实质性内容的约定，可以通过签订备忘录方式予以见证，而非签订补充协议。

案例启示：技术条件是施工招标重要且必要的前置条件，招标人应努力在施工招标文件发出前，组织设计单位完善设计成果，以确保招标范围和内容的完整性。需指出，“结算协议”属于补充协议性质，有关价款调整、范围变更的约定等很可能属于合同实质性内容，补充协议的法律效力不足。而基于标准文本所形成的合同条款，往往已具备上述条款约定，只需按约定执行即可。

## 4.2 延伸思考——政府投资项目的初始监管

招标环节在建设项目实施全过程中发挥着巨大作用。从深层看，项目建设的完整目标体系是由招标过程确立的，项目招标的终极目的是构建以建设单位管理为核心、各参建单位与之紧密协同的高标准治理体系。在高质量发展背景下，通过对项目招标的有效监管助力高标准市场体系建设，以监管体系为引领，促进建设交易管理体系和服务体系有机结合，尽快形成建设领域高标准市场交易的大体系，而项目招标初始监管就是其中至关重要的环节。所谓招标初始监管是指在项目立项和投资决策阶段，由行政主管部门在招标活动开展前，针对建设单位报送的项目招标方案进行审查，并监督其按照经批准的方案组织招标，从而实施科学管理的过程。

1.现行初始监管具体做法与不足

现行固定资产投资建设项目的招标初始监管是在项目立项阶段，由发展改革部门依照招标投标法律法规的规定对建设单位报送的项目招标方案进行审查，并通过核准方式确认项目招标内容、方式及组织形式等。这是在项目伊始明确招标人法定权利、义务和责任的做法，也是向建设单位强调其所组织招标活动的法律要求。

然而，上述初始监管做法与现行全面深化改革要求存在一定差距，即以合法合规监管为主要目的，未能深入挖掘招标潜质，无法从提升项目管理效能出发引导实施科学的招标策划，进而未能使招标环节在项目建设中发挥应有价值。从表面看，由此导致的管理降效是建设单位的责任，但从深层看，招标监管的效能也大打折扣。

2.现行初始监管法律依据及局限

2018年，国家发展改革委颁布《必须招标的工程项目规定》（国家发展和改革委员会令第16号）对依法必须招标项目范围和规模标准做出明确规定。同年出台的《必须招标的基础设施和公用事业项目范围规定》（发改法规规〔2018〕843号）明确了大型基础设施、公用事业等关系社会公共利益、公众安全的必须招标项目的具体范围。2020年，颁布了《国家发展改革委关于进一步做好〈必须招标的工程项目规定〉和〈必须招标的基础设施和公用事业项目范围规定〉实施工作的通知》（发改办法规〔2020〕770号），上述文件共同形成我国依法必须招标项目的全面规定（以下简称《全面规定》）。

《全面规定》使得行政主管部门能够从项目性质、资金来源和规模标准出发，对依法必须招标项目的招标内容、方式及组织形式等方面做出审查。需指出，对非依法必须招标项目或未达到依法必须招标规模与标准的项目内容，无论是否采用法定招标方式交易均应属于行政监管的范围。然而，《全面规定》未能对该类交易的初始监管做出说明，更未对非依法必须招标项目交易主体自愿选择招标方式时，区分前述依法必须招标项目监管做出说明。不仅如此，对依法必须招标项目也未区分项目性质、资金来源、建设规模及复杂程度而做出说明等。

3.项目前期招标管理的科学做法

在改革背景下，激发交易主体活力、增强市场交易潜能、提升招标管理质量、实现代理服务价值是建设项目招标管理的重要目标。建设单位招标管理的根本思想遵循是构建各参建单位围绕建设单位管理协同体系，其理论依据则是围绕建设项目主体、过程和要素的三维管理理念。推进工程招标高质量发展必要而迫切，唯有此才能确保建设市场交易资源配置效益最大化和效率最优化。

针对依法必须招标情形，在项目前期招标开始前，建设单位需开展招标管理策划。招标管理策划以全过程项目管理为核心，保障项目招标活动顺利、高效地推进。突出工程招标本质特性，不仅包括《全面规定》涉及的项目招标内容、招标方式、招标组织形式的判定等，更应充分结合项目特点，围绕建设管理利益诉求，对未来项目各参建单位提出精细化的履约管理要求。

针对非依法必须招标情形：在项目前期委托开始前，建设单位应组织开展周密的签约策划。签约策划以合约规划为前提，明确建设项目各类事项委托时序，提出详细委托要求等，并将此纳入合同条款，确保建设单位面向各参建单位构建具有合同约束力的高标准项目管理体系。

4.招标初始监管机制优化建议

有必要针对现行固定资产投资建设项目招标初始监管实施改革，对现行监管机制做出优化。在项目立项阶段，行政主管部门要对建设单位开展招标管理策划实施科学引导，侧重把关建设单位驾驭项目管理局面，特别是科学开展招标管理的能力，这有利于为项目后期各参建单位科学履约奠定基础。由此，建设项目招标绩效水平将明显提升，建设市场交易监管效果也将显著增强。

(1) **依法必须招标情形的监管优化**

建议在项目立项阶段要求招标人编报项目招标管理方案。这里所说的方案是指除《全面规定》涉及的内容外，有关项目招标组织管理的实施计划，也是建设项目管理规划的组成内容。项目招标管理方案须秉持管理协同思想，面向三维管理有针对性地确定各参建单位管理协同任务，同时对项目招标合约风险应对、重点难点问题处置等做出详细说明。其中，招标管理具体措施一般包括项目招标管理筹备情况、各参建单位详细管理要求、优选中标单位及提升招标组织效率等。

在项目招标管理方案中，对《全面规定》涉及的判定内容可以“承诺制”方式代替现行“监管核准”方式。除《全面规定》外，将监管重点转向促使建设单位更好地推进招标管理方案审查方面，这有利于调动建设单位管理能动性，以真正释放交易潜能。

(2) **非依法必须招标情形的监管优化**

针对非依法必须招标项目或依法必须招标项目的非依法必须招标内容，建议参照《全面规定》，重点对自愿选择招标项目的招标方式、组织形式等进行审查。结合项目建设内容、性质、规模及复杂程度对是否采用竞争方式缔约方案进行审查。对依法必须招标项目涉及的，特别是财政预算资金的实施事项，对是否需要履行政府采购程序，会同财政部门实施审查。要区分项目实施主体的性质、资金来源，特别是涉及民营资本参与的招标项目实施差异监管，如彻底放开民营主体独立参与或主要由民营资本参与的项目监管，将审查重点放在民营主体行为对市场秩序是否造成负面影响等方面。除上述程序审查外，还应围绕如何促进交易充分性、提升交易质量、增强履约效能等进行实体审查。

(3) **监管裁量基准与差异弹性监管**

基于上述情形，应针对项目招标初始阶段采用不同的监管方式。即便是在同一监管方式下，不同项目监管尺度把握也应有所差异，可针对项目不同内容，区分依法或非依法必须招标项目实施不同监管方式。为促进行政权力公开、约束交易行为，有必要针对不同类型监管制定裁量基准，这也是细化监管的有力举措。显然，监管裁量基准是在保障交易主体权益，特别是在归还招标人权利的基础上形成的，应立足建设项目全过程实施“弹性监管”。所谓“弹性监管”是指区分项目性质、资金来源、建设规模及复杂程度实施不同程度和不同等级监管的做法，将使得行政主管部门对建设领域市场交易引导更加敏锐。

（4）**建立健全项目内部管控机制**

无论依法或是非依法必须招标项目，建设单位作为项目首要管理责任主体，必须针对招标管理建立健全内部管控机制，包括制定招标管理研商、招标管理决策、过程文件编审、过程文件签认、招标文档管理及招标组织管理评价制度等。完善建设单位内部管控机制将有利于其落实监管要求，为监管提供更加有力的支撑，促进建设单位科学审视项目招标组织与管理问题，为推行高质量工程招标营造有利条件。

（5）**完善监管模式与优化监管逻辑**

建设项目招标初始监管任务是艰巨的，必须借助更加高效的监管模式来实现，包括由第三方咨询机构及专家团队提供协助；依托新技术构建项目初始监管数字平台；确保项目招标初始监管与建设单位招标管理联动；实施介入项目的精细化监管，保证监管平台与建设项目管理平台实现无缝对接；为全面提升监管质量，构建招标监管保障体系，依托市场交易指标、数据资源及通过指标、标准、制度等保障体系建设不断提升监管能力；此外，为更好地开展招标事中、事后监管，有必要从行政监管、建设管理及代理服务三层面建立项目招标绩效评价体系，以持续改进监管过程。

固定资产投资建设项目招标初始监管需要克服现行《全面规定》的立法局限，特别是针对非依法必须招标项目或内容实施有针对性的监管。立足工程招标本质特性，顺应改革要求，在合法合规的基础上，聚焦招标组织实施与管理的实体内容，挖掘交易主体特别是建设单位的管理潜能，将监管落脚点放在交易质量及履约效果提升上，由此才能以确保招标环节在建设项目中发挥其应有的作用。要着力实施监管模式创新，努力构建监管新逻辑，将高质量工程招标发展推向新阶段。

## 4.3 延伸思考——打造建设领域高标准市场体系

2021年1月，中共中央办公厅 国务院办公厅印发了《建设高标准市场体系行动方案》（以下简称《方案》），提出用5年左右的时间基本建成统一开放、竞争有序、制度完备、治理完善的高标准市场体系。《方案》为新时代工程建设领域市场交易发展指明了方向。工程招标作为建设领域重要的交易方式，是高质量发展背景下行政监管、建设管理及咨询服务能力建设的重要切入点。高质量工程招标就是通过面向建设领域构建高标准的招标投标交易监管体系，实现建设市场交易监管效能最大化。通过构建更加科学的高标准的项目治理体系，推进建设单位全过程项目管理诉求的落地实现，使工程招标投标交易充分反映主体利益，交易效能全面提升。通过创新方式促进咨询服务价值显现，依托构建高标准服务体系确保与建设管理有效协同。以高质量交易监管为引领，以高质量工程招标管理为主线，以高质量咨询服务为基础，从制度建设、要素配置、环境打造、交易开放及科学监管五个方面助力高标准市场体系建设。

1.高标准市场体系建设的主要要求

《方案》为建设领域构建高标准市场体系指明了方向，将内容转化为针对构建建设领域高标准市场体系的具体要求，详见表4。

**建设领域构建高标准市场体系的相关要求一览表** 表4

| 主要方面 | 《方案》主要内容 | 对应建设领域主要要求 |
|---|---|---|
| 夯实市场体系基本制度 | 全面完善产权保护制度；全面实施市场准入负面清单制度；全面完善公平竞争制度等 | 完善建设领域产权保护制度；实施建设领域市场负面清单制度；全面完善建设领域公平竞争制度等 |
| 推进要素资源高效配置 | 完善建设用地市场体系；促进资本市场健康发展；发展知识、技术和数据要素市场等 | 完善建设用地市场体系；促进建设领域资本市场健康发展；发展建设领域知识、技术和数据要素市场等 |
| 改善提升市场环境质量 | 提升商品和服务质量；强化市场基础设施建设等 | 提升建设领域商品和服务质量，强化建设领域市场基础设施建设等 |
| 实施高水平市场开放 | 有序扩大社会服务业市场开放；推动规则等制度型开放 | 通过有序扩大社会服务业市场开放，带动建设领域发展；推动建设领域规则等制度型开放等 |
| 完善现代化市场监管机制 | 推进综合协同监管；加强重点领域监管；健全依法诚信自律机制和监管机制；健全社会监督机制；加强对监管机构的监督；维护市场安全和稳定等 | 推进建设领域综合协同监管；加强建设领域监管；健全建设领域依法诚信自律机制和监管机制；健全建设领域社会监督机制；加强对建设领域监管机构的监督；维护建设领域市场安全和稳定等 |

2.打造建设领域高标准市场体系总体思路

建设领域高标准市场体系构建目标就是要形成统一开放、竞争有序、制度完备、治理完善的建设市场体系。通过高质量工程招标消除区域壁垒、促进建设交易公开透明；形成统一的交易、监管与服务平台；着力激发建设领域市场主体的活力，积极营造竞争有序的市场环境，确保交易更加充分。高质量工程招标从行政监管、建设管理和咨询服务三方面发力构建行政监管体系、建设管理体系和咨询服务体系并形成有机大系统，其中，监管部门、建设单位及代理机构相互联动，以确保建设市场交易机制更加完善。

3.打造建设领域高标准市场体系具体举措

（1）**助力构建建设领域市场基础制度**

在工程项目产权交易中，形成了以工程招标投标为首的清晰交易机制和制度体系。高质量工程招标特别适合于复杂标的交易过程，多样化的交易主体缔约诉求和高品质的目标期望在高效招标组织管理中实现。高质量工程招标将推进《方案》所提及的工程建设项目服务各类知识产权保护进程，也使得《方案》所提及的有关农村集体产权交易更加规范、多元、灵活，产权交易制度更加完善。此外，工程招标法律体系中涉及的异议、投诉救济机制也迎合了《方案》中关于增强公平竞争审查的刚性约束，促进了市场反垄断局面的形成。

（2）**助力建设领域要素市场配置能力**

电子招标投标产生了大量交易数据及数据流动，反映出丰富的交易价值内涵，加强数据要素管理将有效增强市场配置能力。从深层看，招标投标交易是面向技术、经济、管理的缔约过程。本质上，交易数据就是有关技术、经济、管理的信息数据，只有促进这些数据流动才能更好地发挥工程招标对建设市场资源的配置作用。从交易全过程来看，招标人在要约邀请中提出技术、经济与管理等诉求，投标人则通过响应这一要约邀请，展现竞争价值，再经过评标环节衡量投标人能力，优选最优中标方案，从而形成缔约承诺。后期，通过履约过程使得有关技术、经济、管理等要素管理目标得以实现。构建项目高质量的缔约交易体系，并通过增强要素配置能力改善交易成效。此外根据《方案》要求，在推进城乡统一的建设用地市场建设方面，要建立统一交易规则。在促进资本市场健康发展方面，着力在社会资本方主导的建设管理中实现建设技术及数据要素的高效流动。

（3）**助力建设领域营造良好交易环境**

营造良好的交易环境必须以对各类交易主体行为特征的正确认识为前提，构建市场主体间联动治理机制，确保市场主体交易与监管有效协同。要抓住交易本质，以监管为切入点，按照科学的监管逻辑，构建高标准市场治理体系。对于建设单位而言，要抓住工程招标在项目建设中的重要作用，实施科学招标管理，确保形成各参建单位与建设单位管理协同高标准治理。对咨询服务机构而言，要立足招标代理服务潜能，创新咨询理论方法，规范企业治理过程。通过实施高质量工程招标服务，满足招标人日益增长的缔约诉求，市场监管、建设管理及咨询服务三方面形成的整体市场环境将逐步得以改善。

（4）**助力加强建设领域基础设施建设**

高质量工程招标作为一种更加科学的交易方式，强调各类交易主体间的内在联系。通过监管、交易及服务三大平台建设，形成面向市场的优选体系，强化了公共资源整合力度，为交易过程构建了资源库。打造丰富的企业知识库系统，强化市场数据观测与分析能力，使交易过程更加智能。

（5）**助力增强建设领域市场开放共享**

根据《方案》要求，高质量工程招标将引导工程建设资源跨区域、跨领域流动，加强与国际接轨的力度，强化对国际市场资源的利用，尤其促进了大型市场主体资源的融合共享。高质量工程招标也增强了交易资源共享程度，加大了市场主体相互学习的机会，促进了有价值资源利用与科学方法推广。通过实施全过程工程咨询方式促进了单项咨询融合发展。

（6）**助力完善建设领域市场监管机制**

根据《方案》要求，高质量工程招标强调行政监管能力建设，谋求推进招标投标交易监管机制变革。以“供给侧结构性”改革为主线，以高质量发展为主题，着力创新形成符合改革要求的市场监管新逻辑，包括修订法律体系和监管制度、构建新型监管模式、明确交易监管内容、改善交易监管模式、介入项目监管把控关键环节、规范监管主体行为、推动实现联合监管。努力构建面向建设项目主体、事项和要素管理三维度的绩效评价体系，以持续改进监管过程。

高质量工程招标要确保在政府监管、建设管理以及咨询服务三层面形成有机整体，并确保后两者围绕政府监管保持有效协同。立足三者深刻的内在联系，推动改革要求的落实和高质量发展目标的实现。强调系统解决交易监管问题，超前谋划，努力保证交易的系统性和完整性。相信依托高质量工程招标所打造的建设高标准市场体系，必将有利于加速我国现代化经济体系建设进程。

# 第5章 招标代理服务高质量转型

## 导读

2019年3月，国家发展改革委、住房和城乡建设部联合印发了《关于推进全过程工程咨询服务发展的指导意见》（发改投资规〔2019〕515号），这是建设领域高质量发展背景下，针对咨询服务模式的创新举措，是对全过程工程咨询性质的详细诠释。全过程工程咨询服务发展对招标代理服务变革产生了重要影响。同年，主编作者曾在中国招标投标协会举办的招标代理机构全国会员大会上发表了《新时代招标代理服务转型发展新思路》的主旨演讲，提出了招标代理服务转型发展的四个重要方向。

多年来，我国招标代理服务已取得长足发展，特别是为招标人高效组织招标方面形成了一系列好的做法。但这些做法大多聚焦于招标组织与法定程序履行方面，而缺乏立足招标本质特征就如何更好地开展实体服务进行价值挖掘。如何立足招标改善建设项目各参建单位协作关系，如何为建设单位营造具有合同约束力的建设管控体系，如何通过服务提升优选中标人品质，以及如何利用信息技术手段改善服务效能等，无不成为制约招标代理服务转型发展的关键问题。

本章共有6个案例，重点聚焦新时代高质量工程招标代理服务意识的建立，对招标代理服务转型发展做出详细阐述，对招标代理服务能力提升进行探讨。本章还围绕如何打造招标代理高质量服务体系做了延伸思考，旨在为招标代理机构实施创新驱动、强化企业治理提供参考。应该说，高标准市场交易体系构建离不开各方的共同努力。招标代理机构受托于建设单位并为其开展服务，理应成为确保项目建设目标实现的关键角色，以及谋求建设管理效能最大化的重要力量。

# 5.1 案例解析

## 5.1.1 招标代理服务发展方向

### 案例23 高质量工程招标契合时代发展要求

某大型园林展会园林绿化及基础设施建设项目，为政府全额固定资产投资，投资规模约10亿元。该项目具有国际化水准，建设过程受到社会各界的广泛关注。由于项目涉及多个专业领域，设计方案比较复杂，建设实施和管理难度很高，建设单位对此项目招标高度关注，委托具有丰富经验的招标代理机构组织实施，并要求其服务务必达到高质量工程招标水准。为了赢得这一业绩，招标代理机构对此十分重视，派出精干团队并有针对性地采取如下措施来保障建设单位需求的落实：

（1）针对项目特点制定详细而周密的项目招标实施计划；

（2）有针对性地组织编制招标过程文件；

（3）根据项目特点设计评标办法；

（4）详细排查项目风险隐患，制定风险应对方案。

在建设单位和招标代理机构的共同努力下，项目招标顺利完成，所优选的中标单位在技术、管理、沟通等各方面均令建设单位十分满意。该项目竣工投入使用后，社会反响良好，建设单位对招标代理机构的服务大加赞誉。

**案例问题**

问题1：当前，我国招标代理服务的总体发展境况如何？

问题2：案例中，招标代理机构的表现是否达到高质量工程招标的要求？

**案例解析**

解析问题1：当前，我国招标代理服务的总体发展确实存在一些突出问题。这些问题不想方设法解决，将对未来发展构成威胁。典型地，我国各地区招标代理机构之间不同程度地存在恶性竞争，为争取代理业务承揽不择手段，恶意压低代理服务费用，这导致不少招标代理机构将业务定位为“短平快”，服务出现内容压缩与碎片化、服务程度降低等情形。服务未能以建设单位管理利益为中心，更未能聚焦中标优选品质提升。恶性竞争打击了招标代理服务的积极性，歪曲了服务价值的内涵，违背了高质量发展的要求和初衷。

解析问题2：当前，招标代理机构面临的发展环境充满严峻挑战，但同时也存在机遇。唯有推行高质量工程招标，才能促进招标代理服务可持续发展。主编作者在《高质量工程招标指南》一书中曾指出高质量工程招标具有三个层面的内涵：一是以落实全面深化改革要求为目标，着力破解发展主要矛盾，坚持行政主管部门在主持改革、改善市场交易中的引领性地位。确保其他主体与行政监管保持支撑与协同，实现监管机制优化，使得市场规范、公平、透明良性发展。二是从工程招标固有本质出发，突出招标在项目建设中的重要作用，采用科学方法治理招标全过程，面向参建单位构建具有合同约束力的管控体系，营造主动管理局面，确保管理利益诉求和项目履约效果的实现。三是通过一系列咨询理论方法创新，实现咨询服务质量、效率、动力的变革。由此可见，案例中项目招标代理机构的表现仍属简单服务，与高质量发展要求尚存一定的差距。

案例启示：招标代理服务转型要立足创新驱动，从服务全过程考虑拓展与延伸，确保建设项目招标与其他环节有效衔接。为此，必须从履约视角看缔约，注重服务理论方法总结提炼，不断谋求服务新价值。《高质量工程招标指南》一书指出了新时代招标代理服务转型方向主要包括：一是业务内容由“程序履行”向“合同咨询”转变。经过这一转变，咨询服务的系统性、专业性以及咨询成果的针对性和完整性将成为招标代理服务新价值。二是咨询目标由“单次交易”向“项目管理”转变。招标代理服务的前后延伸，科学缔约策划得以实现，确保项目全过程管理成效显著提升。三是服务品质由“法定义务”向“确保优选”转变。提升各参建单位履约能力，确保建设项目管理协同体系扎实构建。四是操作手段由“线下操作”向“电子方式”转变。提供市场交易的决策分析服务，积极开展招标评价，有效遏制卖方垄断、恶性竞争等不良行为，使得市场交易良性发展。

## 案例24 营造政府采购代理服务创新环境

在全面深化改革背景下，某地区财政主管部门出台了一系列调整政府采购活动的政策。该地区某国家机关采购人长期组织政府采购活动，深知这项工作的重要性，并希望通过系统学习了解这些政府采购新政，以期在未来采购中更好地贯彻落实改革要求。于是，要求其委托的政府采购代理机构务必系统梳理中央及地方政府采购政策文件，并按照这些政策要求开展精细化服务。于是，该政府采购代理机构按采购人要求梳理了近十年来中央及地方政府采购政策，但对如何开展精细化招标代理服务仍然感到十分茫然。

### 案例问题

问题1：目前，我国深化政府采购制度改革的主要要求是什么？

问题2：目前，政府采购代理服务高质量发展的目标是什么？

### 案例解析

解析问题1：2018年，中央全面深化改革委员会第五次会议审议通过的《深化政府采购制度改革方案》指出，深化政府采购制度改革要坚持问题导向，强化采购人主体责任，建立集中采购机构竞争机制，改进采购代理和评审机制，健全科学高效的采购交易机制，强化政府采购政策功能措施，健全政府采购监督管理机制，加快形成采购主体职责清晰、交易规则科学高效、监管机制健全、政策功能完备、法律制度完善、技术支撑先进的现代政府采购制度。这便是深化政府采购制度改革的主要要求。

解析问题2：具体来讲，深化政府采购制度改革是由各级财政部门主导的。政府采购高质量代理服务发展的目标就是要破解日益增长的高标准预算绩效要求和采购人高品质采购需要，与政府采购制度改革尚需深化、采购人管理采购活动水平尚需提升及政府采购代理机构能力尚需增强之间的矛盾，这正是新时代政府采购市场交易活动面临的主要矛盾。破解这一矛盾就必须深入贯彻落实新发展理念，彻底实现政府采购领域发展质量、动力与效率变革，就是要在转型中秉持政府采购制度改革理念。

案例启示：各级国家机关、事业单位及团队组织的采购人是资金使用的主体，政府采购活动普遍具有公益性和公共性服务属性。为此，其重要本质就是落实政府采购监管要求。政府采购制度是规范政府采购交易活动的基本制度，同时也是国家治理体系的组成部分。鉴于此，政府采购代理服务必须以采购人为中心，并与改革紧密协同，对财政监管形成支撑，推动政府采购代理服务转型必须以此为落脚点。

## 案例25 “反客为主”是不是高质量发展？

某地方政府采购协会组织开展代理服务业务研讨会，会上，当地各政府采购代理机构就服务发展问题充分交换了意见。

A单位认为：政府采购代理服务应以采购人为中心，严格遵照采购人需求及法定程序开展政府采购代理服务。

B单位认为：A单位阐述的只是政府采购代理服务基本要求。新时代，面对政府采购制度改革，政府采购代理服务应积极转型。在满足采购人基本需求的基础上，提供诸如合同咨询及履约管理等更具专业化的服务。要立足提升采购绩效，不仅合法依规履行程序，更要帮助采购人采购到满意的货物或服务。

A单位认为B单位的想法过于“反客为主”，并表示政府采购代理机构就应本分做好自身业务，严格按采购人要求办事，并认为B单位想法虽好，但在现实中是无法实现的。

B单位坚持认为：新形势下，政府采购代理机构必须大刀阔斧地进行专业化变革，提供高质量服务，总是秉承单一“程序性”服务终将难以取得长足发展。

### 案例问题

问题1：案例中，A单位与B单位谁的认识更符合高质量发展要求？

问题2：新时代，推进政府采购代理服务发展应秉持什么原则？

### 案例解析

解析问题1：显然，B单位的认识更符合高质量发展要求。政府采购代理服务具有丰富的价值内涵，新时代应确保服务价值实现，以充分诠释政府采购代理服务的作用。

解析问题2：政府采购代理服务转型原则的确立应契合深化政府采购制度改革要求，遵循采购活动客观规律，立足参与主体根本利益。原则的把握将使服务转型始终沿着正确的方向。从监管视角来看，应保证改革落地、监管见效；从采购人视角来看，要确保需求合理、风险规避、效率提升；从优选中标人视角来看，要确保物有所值、品质最优；从代理机构发展来看，要确保服务协同、持续创新。

案例启示：在当前市场发展背景下，政府采购代理服务转型呈现多元化趋势，集中表现在服务内容、理念、程度、模式、手段、组织等方面。主编作者在《高质量工程招标指南》一书中曾提出政府采购代理服务转型方向主要包括：从程序代理向实体咨询转变，从基本服务向品质咨询转变，从单一服务向全过程工程咨询转变，从服务采购向监管协同转变，从活动组织向资源支撑转变，从松散服务向标准服务转变，从传统操作向信息方式转变，以及从服务优势向特色咨询转变。

可以说，把握上述政府采购代理服务转型方向，有力地诠释了政府采购代理服务的价值，微观上提升了采购项目绩效，宏观上改善了政府采购交易环境，促进市场交易潜能的释放。

### 5.1.2 招标代理服务能力提升

## 案例26 项目前期服务委托，招标代理机构可以参与吗？

某政府全额固定资产投资房屋建筑项目，勘察、设计、施工、监理及重要材料、设备的采购被发展改革部门核准为公开招标，但项目前期各类服务如投资咨询、专项评价咨询等并未予以核准招标。为公平、公正、规范组织项目前期各类服务供应商委托工作，建设单位决定采用竞争性交易方式，目的是优选具有较强实力的供应商。为使交易更加规范、高效，建设单位委托了招标代理机构，并要求其采用比选方式尽快完成全部服务委托任务。该招标代理机构不负众望，凭借娴熟的业务操作，很快组织完成了前期多项服务的比选工作，为项目引进多家具有较强实力的服务供应商。建设单位对此十分满意，随即将后续勘察、设计、施工、监理的招标也委托给该招标代理机构。

## 案例问题

问题1：建设项目前期咨询服务交易环境如何？建设单位做法是否合理？

问题2：招标代理机构就前期咨询服务委托为建设单位开展服务有何好处？

## 案例解析

解析问题1：一般而言，建设项目前期服务事项是比较多的，但各服务事项的额度往往并不高。市场上，能够为建设项目提供前期服务的供应商虽多，但长期以来由于疏于管理，前期服务市场交易比较混乱，恶性竞争严重。某些地区建设项目的若干前期咨询服务甚至被少数几家供应商垄断。本案例中，建设单位委托招标代理机构协助其开展委托工作，并采用比选的做法是明智的。一般而言，发展改革部门未对项目前期服务招标进行核准，往往是由于这些服务尚未达到法定招标的规模与标准，且建设单位选择采用招标方式的交易成本也比较高。

解析问题2：不同于招标，比选是一种参照招标程序而组织的竞争性缔约活动，但却具有法定招标方式无法比拟的灵活性。它不受法律约束，但需遵守公开、公平、公正及诚实信用的原则。委托招标代理机构采用比选方式开展服务交易的好处包括：能够规范项目合约管理；提升项目前期服务委托效率；将专业管理要求通过比选过程纳入服务合同条款以提升履约效果等；同时，这也是建设单位对招标代理服务的考验过程。唯有服务周到、操作规范、能站在管理视角维护建设单位管理利益的招标代理机构才有资格受托其开展后续勘察、设计、施工及监理等代理服务。

案例启示：当前，建设项目前期服务供应商的委托管理是比较薄弱的，很多地区市场交易并不十分规范，也未形成公开、透明的市场竞争环境。为此，行政主管部门应强化建设项目前期服务委托监管。针对建设项目前期服务事项繁多的特点，可借助信息化手段，或通过强化对交易主体引导方式促进前期服务交易效能提升。对于建设单位，有必要建立健全合约管理机制，增强自我约束，采取科学方法规范项目前期服务供应商委托。本案例中，通过该环节考验招标代理机构的做法值得提倡。招标代理机构也有必要拓展服务范围，总结非法定招标代理服务咨询方法，注重服务资源积累，努力为建设单位提供更加高效而快捷的项目前期委托代理服务。



## 案例27 态度VS技能，哪个更重要？

某房屋建筑招标项目，建设单位缺乏项目管理经验，完全不具备项目招标管理能力，委托了业内具有良好口碑的招标代理机构A为其组织招标活动。A结合建设单位情况，安排了具有丰富经验的蔡某负责该招标项目。蔡某经与建设单位沟通后发现其人员确实缺乏招标知识，于是蔡某便担负起组织项目招标的"主角"，表现为：处处代建设单位就招标事项进行决策；为快速推进招标，未就招标文件充分听取建设单位意见就仓促发出；或以种种理由催促建设单位抓紧履行签章手续等。幸运的是，该项目招标并未遇到什么阻碍，很快便完成招标。事后，蔡某在招标代理机构内部经验交流时指出：凡面对招标管理经验匮乏的建设单位，越是过多地做出解释，越可能引发建设单位的顾虑，进而影响项目招标进程。蔡某坚持认为：服务技巧是成功开展招标代理业务的关键，而服务态度并不重要。

在另一项招标项目中，建设单位人员具有丰富的招标管理经验，该单位同样委托招标代理机构A为其组织招标活动。A安排了刚入职1年的李某开展服务，并再三叮嘱李某务必听从建设单位指令，坚决服从建设单位管理。李某由于业务经验匮乏，项目初期市场出现失误，建设单位也曾向招标代理机构A反映李某专业能力不够强的问题。但在服务过程中，李某态度始终特别好，一方面听从建设单位指令，为其决策提供协助；另一方面，加强学习业务知识，积极弥补自身业务短板，项目招标顺利完成。最终，李某以良好的服务态度赢得了建设单位的信任。事后，李某在招标代理机构内部经验交流时指出：服务态度是关键，即便业务技能并不强，但凭借良好的服务态度同样可以出色地完成招标代理工作任务。

### 案例问题

问题1：针对案例中的两个项目，招标代理机构A对业务人员的安排是否合理？

问题2：蔡某和李某，谁的见解更加合理？

## 案例解析

解析问题1：针对案例中的两个项目，招标代理机构A对业务人员的安排表面看是没有问题的。应该说，无论建设单位人员招标管理经验是否丰富，招标代理机构安排业务熟练人员服务均是应该的。实践中，出于人才培养及经营发展的考虑，招标代理机构安排项目业务人员具有一定的策略性。第一个项目，面对建设单位经验不足的情况，安排服务人员蔡某看似合理，但从建设单位核心利益来看，也许在招标阶段尚未察觉，但蔡某的行为已经对项目后期履约管理造成损害。第二个项目，服务人员李某虽然业务技能不佳，但其始终能够做到维护建设单位核心利益，为项目后期标的履约提供充分条件，良好的态度赢得建设单位的赞誉是情理之中的。

解析问题2：应该说，蔡某的见解是不正确的，而李某的见解相对合理。端正的服务态度是招标代理业务良好开展的重要前提，也是招标代理机构可持续发展的重要基石。蔡某虽然业务熟练，但态度并不端正，未曾顾及建设单位核心利益，终将无法成为优秀的招标代理从业人员。李某的服务态度端正，也正是凭借这一态度才能使其尽快补齐专业能力短板，最终成为优秀的招标代理从业人员。

案例启示：建设单位在开展项目招标管理时，有必要注意如下几点：(1)应掌握一定的项目招标管理经验；(2)重点对招标代理人员的服务能力进行把关；(3)聘请具有端正服务态度的招标代理机构，并对其服务提出详细而明确的管理要求，确保其围绕建设单位管理利益开展服务；(4)当自身缺乏招标管理经验时，委托专业的项目管理咨询机构代其对项目招标实施管理，并通过招标过程将项目管理要求纳入合同条款，为后期项目履约管理创造有利条件。

## 案例28　招标代理业务组织方式“PK”

某地方行业协会组织的有关招标代理机构业务研讨会上，两家招标代理机构就业务组织方式合理性问题开展了深入交流。招标代理机构A采用项目型组织方式，即由项目负责人主导项目全过程，安排项目助理辅助其开展工作。招标代理机构B则采用职能型组织方式，即其业务部门分为“外业”和“内业”两个部门。“外业”部门负责与招标投标交易监管部门、招标人或采购人等外部组织接洽，办理相关程序性业务。“内业”部门则负责编制招标过程文件，以及开展其他若干实体性工作。显然，两家招标代理机构采用的业务组织方式不同，但都坚持认为自己的组织方式最为科学。

## 案例问题

问题1：招标代理业务的组织方式有哪些常见类型？

问题2：招标代理机构A、B，哪家的业务组织方式更科学？为提升生产效率，业务组织方式应如何优化？

## 案例解析

解析问题1：常见的招标代理业务组织方式分为职能型、项目型、矩阵型及复合型。除复合型外，上述其他组织方式可统称为基本型，而其中任意一种方式则称为单纯型。对于同时采用上述两种及以上基本型组织方式的称为混合型。其中，单纯职能型是指将完整的招标代理项目分解为若干职能环节，并按环节划分职能部门，招标代理机构人员隶属各自职能部门，由部门间协同完成服务项目；单纯项目型是指按招标代理项目类型或规模设置多个项目部，业务人员归属于项目部并在项目负责人领导下组织实施整个服务，且项目内部不再设职能部门；而单纯矩阵型则是根据招标服务特点，招标代理机构设置职能部门的同时，还可能设置若干项目部，项目人员除隶属于职能部门并接受负责人管理外，还可能被编制到项目部，同时接受项目负责人管理，或项目人员隶属于项目部接受项目负责人管理外，同时接受职能部门的指导与监督。此外，组织模式还包括混合型，常见“矩阵型+职能型”或“矩阵型+项目型”。而将上述基本型彼此嵌套组合就形成了复合型方式，如将职能型嵌套于项目型或将项目型嵌套于职能型中。

解析问题2：应该说A、B两家招标代理机构各自的业务组织方式各有利弊，双方均坚持认为自己的组织方式合理是可以理解的。应该说，只要是适合企业发展的业务组织方式都是合理的，而不应追求绝对合理性，这是因为组织方式往往随着业务性质和规模变化而调整，其本身是动态变化的过程。总体而言，当企业处于业务规模较小的运营发展初期阶段，可视项目类型尝试采用单纯型尤其是单纯项目型方式。随着运营规模进一步扩大，待企业业务状况保持相对稳定时，可进一步固化项目类型，尝试采用强矩阵型方式改善项目效果。当企业项目类型、规模稳定且进入大规模经营阶段时，可根据企业战略需要，尝试采用混合型或复合型方式，适时采取集团化模式运作，进一步优化组织结构并向轻量化方向发展。

案例启示：相比传统服务，高质量工程招标代理服务内容更加广泛，服务程度普遍加深，服务随机定制色彩浓厚。随着高质量工程招标的广泛推行，传统单纯型组织方式已不能满足发展需要。在高质量工程招标发展初期，似乎项目型组织方式更加适用，但当业务体系逐渐成熟后，需通过职能型组织方式改善业务效率以及矩阵型方式提升专业水平。随着业务体系不断发展，混合型或者复合型组织方式或许将得以广泛应用。当然，有关高质量工程招标业务组织方式问题，仍需根据企业自身发展开展更加深入的探究。



## 5.2 延伸思考——建设高质量服务体系

随着建设领域改革的不断深化，工程建设高质量发展进程加速推进。当前工程招标领域主要矛盾已经转化为建设项目日益增长的高标准交易需求与监管机制尚需优化、建设管理及服务能力不足之间的矛盾。招标代理服务向着以招标人为中心的价值服务转变。新时代，打造招标代理更具价值的服务体系成为高质量建设交易体系的核心工作之一。这需要行政主管部门、建设单位以及招标代理机构协同发力。服务体系建设涉及工程建设各知识领域，营造以建设单位管理为中心、各参建单位有效协同局面作为出发点。唯有从参建主体、建设事项及目标要素三个维度打造招标代理服务体系，才能使招标代理服务更加完整科学。

1.服务体系与核心内涵

**(1) 服务体系构建的出发点**

行政主管部门的全过程监管能力、建设单位全过程管理能力及参建单位服务能力构成了建设领域高质量发展三大能力。新时代，提升监管能力就必须构建高标准的行业监管体系，建设领域高质量发展需要充分发挥监管体系的主导作用。建设单位管理能力需由行政监管引导并约束，建设领域高质量发展也要充分发挥项目治理体系的协同带动作用。为满足项目综合性、跨阶段、一体化的咨询需要，从提升招标代理企业自身治理能力出发，着力构建高标准服务体系将有效保障行政监管成效及管理目标的实现。服务体系建设的出发点依托于行政监管和建设管理的带动作用，为二者提供支撑，最终使得行政监管、项目管理及招标代理服务三体系形成有机整体。

（2）**服务体系建设的必然性**

工程招标固有本质与内在特征决定了招标代理服务体系建设是可行的。以《招标投标法》为首的法律体系对招标范围、程序等做出明确规定，工程招标具有法定强制性本质。工程招标是缔约双方围绕合同订立所开展的一系列活动，具有缔约性本质；招标程序前置环节是前提，后续环节是发展，具有程序性本质；法律对招标程序执行时限做出了规定，具有时效性本质。此外，工程招标是一种典型的由招标人组织的竞争性市场交易活动，具有竞争性本质。上述诸多本质决定了工程招标在建设市场交易中，无论是针对市场的宏观调节还是微观治理均具有很大潜能。应该说，招标代理服务体系就是由程序和实体服务组成的。工程招标的丰富内涵决定了这一体系必然以政府部门为主导调整市场交易，确保市场服务处于均衡状态；与面向建设单位的项目管理保持有效协同，确保服务效能总体提升；与其他各类单项咨询融合中发展，确保形成多样化的服务特色。

2.服务体系设计的理论依据

（1）**建设项目的三维度管理**

在建设项目管理中，事项、主体和要素是三个管理维度。其中，事项维度是从建设项目管理事务实施过程视角对一系列管理知识领域的归集；主体维度是从建设项目各参建单位管理视角对一系列管理知识领域的归集；要素维度是从建设项目管理目标与实施效果视角对一系列管理知识领域的归集；三维度共计数十个管理知识领域，涵盖了建设项目管理所有内容。三维度管理理念，完整地描述了建设项目管理的内容与范围，其中主体维度是核心，决定了事项维度和要素维度的形成与发展。

（2）**招标代理三维服务体系**

依据建设项目管理的三个管理维度，招标代理服务体系应沿着各维度分别建立，从而确保服务体系的完整性与系统性，详见图1。主体维度决定了招标代理服务体系建设的方向、思路和目标，核心是确保针对招标投标交易监管予以支撑，对招标人建设管理予以紧密协同，在项目层面打造面向合同约束力的管控体系。面向这一维度服务，要正确处理好行政监管与招标人的关系以及招标人与招标代理机构的关系。着重明确各主体在工程招标中的责任、权利和义务。在事项维度，服务体系建设重点是正确处理各类服务事项间的关系。以精细化招标代理服务满足招标人多样化的需求，面向招标代理服务全过程，通过横向拓展、纵向延伸，实现全过程工程咨询。在要素维度，应从提升服务质量、效率入手，确保优选中标人，把握好各服务目标实践中的管理平衡。



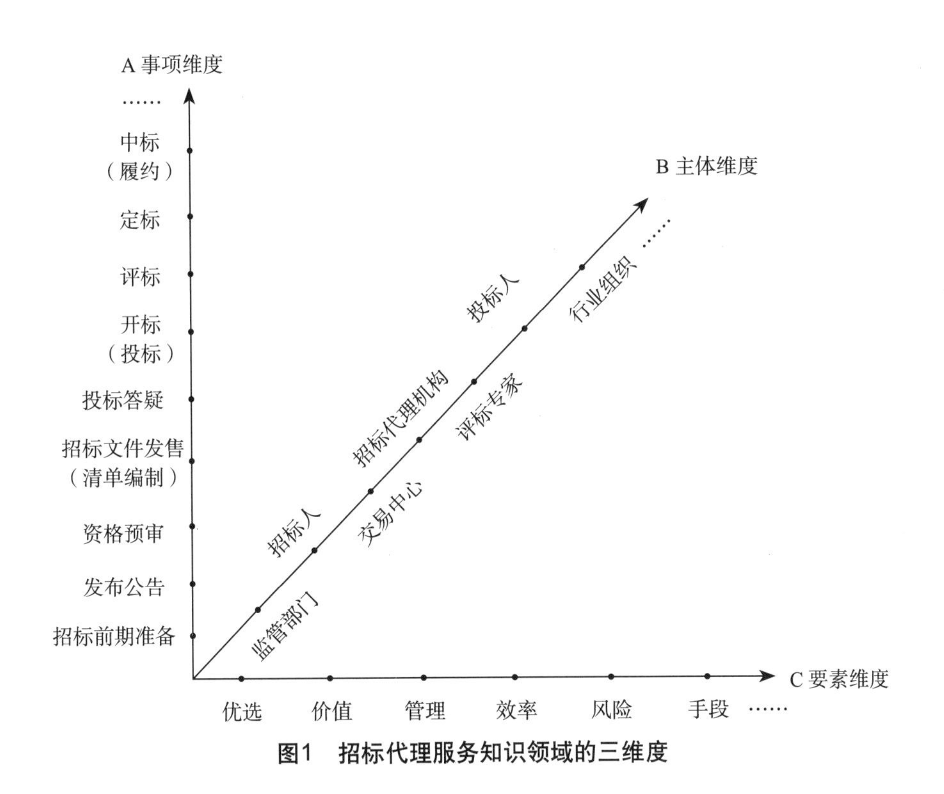


**图1　招标代理服务知识领域的三维度**

3.招标服务体系设计的主要视角

在招标投标交易中，招标服务体系经常围绕如下五个视角展开：（1）市场主体视角，包括明确主体责任、释放主体活力及增强主体能力等；（2）缔约标的视角，包括提升缔约品质、促进缔约效率及增强法律适用性等；（3）缔约行为视角，包括优化招标程序、丰富实体要求等；（4）交易环境视角，包括改善交易系统、完善服务平台及监管环境建设等；（5）行政监管视角，包括创新监管机制、完善保障体系及树立信用新特征等。

4.招标服务体系的框架内容

根据建设领域高质量发展能力建设基本逻辑，依托三维管理理念，并结合上述五个视角，招标代理服务体系框架包括：（1）执行法律法规、政策体系，落实行政监管要求，实现建设领域现代化治理体系中所形成的服务，具体包括有关法律法规、标准规范及政策性文件落实执行的服务内容；（2）以招标人利益为中心，落实其各项管理要求，在助力建设高标准治理体系中所形成的服务内容，具体包括为招标人主导的项目管理提供伴随服务、构建面向具有合同约束力的管控体系、全过程工程咨询服务等；（3）围绕招标代理服务高质量发展，在建设现代企业治理体系中所形成的服务，包括面向创新驱动的咨询理论方法体系、业务提质增效方面的做法等。有关招标代理服务体系框架及体系建设的典型做法详见表5。

**招标代理服务体系框架及体系建设的典型做法一览表** **表5**

| 类型 | 服务体系框架 | 典型做法的详细说明 |
| --- | --- | --- |
| 执行法律与监管规定 | 执行法律规定 | 法律体系汇总、法律适用范围确立、法律体系更新、法律颁布初衷梳理、法律内容差异梳理、法律依据整理、法律衔接指南编制、法律风险与应对措施、法律应用指南编制等 |
| | 落实政策要求 | 政策体系汇编、政策要点解析、政策颁布初衷梳理、政策风险梳理与应对、政策应用指南编制、区域政策指南编制、专业领域政策指南编制、招标交易标准与规范指南编制等 |
| | 执行监管指令 | 监管配合指南编制、监管应对指南编制、监管检查配合、缔约争议处置、监管平台操作指南编制、公共资源交易平台操作指南与环境应对、电子招标系统操作指南编制等 |
| 开展建设管理服务 | 建设管理服务 | 全过程项目管理伴随服务确定、精细化服务解决方案编制、缔约争议处置、法律法规咨询服务确定、面向具体管理问题的整体服务解决方案编制等 |
| | 履约效能提升 | 中标优选设计、招标过程文件定制、合同定制、履约管理定制等 |
| | 咨询服务优化 | 业务服务拓展延伸、重大问题分析论证、投标人行为分析、市场趋势分析、交易技术经济咨询等 |
| | 项目管理机制建设 | 项目管理制度体系建设、参建单位分工确立、确立服务协作流程、招标管理方案编制、招标管理评价机制确定等 |
| 实施现代企业治理 | 业务资产建设 | 各类业务资源收集、业务工具和手段建设、业务培训课程体系建设、良好业务环境培育、典型业绩案例积累、典型实践场景建立、成果示范文本积累、各类可充分使用的制式文件体系建设、各类业务参考论文及书籍整理等 |
| | 业务管理机制建设 | 业务管理制度体系建设[含质量管理系列制度、业务相关审批机制、业务生产效率管控机制、业务成本管控机制、业务风险防控机制、档案管理机制、各类业务辅助性工作管理（如专家费、保证金管理等）]。建立资源收集机制、总结提炼机制、咨询方法与资源应用机制、应用评价机制、体系持续改进机制、业务风险防控机制、重大问题处置机制、业务经验提炼机制、业务行为监督机制及业务操作各环节作业指导文件编制等 |
| | 业务创新过程 | 咨询理论方法探索、新思想和新理念应用、信息化与新技术应用、全过程工程咨询模式创新、新理念学习、应对问题的新措施和新方案制定等 |

有必要紧密围绕全过程工程咨询高质量发展能力建设探索招标代理服务体系，立足招标活动固有本质与内在特性，秉持建设项目三维度管理理念开展招标代理服务体系设计，抓住招标代理服务涉及的主体管理维度提出体系框架。招标代理服务体系的范围是无限的，唯有秉持上述思想理念才能为体系设计提出更多的科学方法与对策。

# 第6章　工程招标高效率组织

## 导读

俗话说，欲速则不达，即便是事先预想好的，但由于建设项目实施过程中干扰因素比较多，招标活动往往充满变数，确保稳健是高效率组织招标的关键。因此，风险管理在实现高质量工程招标中尤为重要。

实践中，很多项目招标之所以出现问题，很大程度上是由于招标人及其委托的招标代理机构缺乏风险管控能力所致，对合法合规等重要原则坚守不够，或对影响局面的决策犹豫不决，客观规律反映出事务发展内在联系，过多的主观因素势必影响项目招标的顺利开展。在交易利益背后，项目招标时刻面临巨大威胁。

本章共有8个案例，重点聚焦招标人及招标代理机构处置项目招标危机的能力。通过对确定投标邀请人、开标异议处置、招标活动终止等多个案例的剖析，强化对风险底线的坚守和随机应变能力的提升。此外，本章还重点介绍了项目招标文档管理，围绕项目招标进度管理做了延伸思考，旨在为高效组织招标活动提供参考。通过本章学习，使得读者能够明白稳健组织招标活动的重要性，统筹考虑招标组织与管理过程中各种影响因素，扎实做好项目招标管理策划与准备。

# 6.1 案例解析

## 6.1.1 工程招标的组织过程

### 案例29 如何确定投标邀请人名单和数量?

某政府固定资产投资新建办公楼项目，行政主管部门将该项目核准为保密工程，发展改革部门核准该项目勘察、设计、施工总承包及监理采用邀请招标方式。建设单位随即委托招标代理机构组织开展邀请招标。然而，建设单位却为如何确定投标邀请人数量及名单而发愁，无奈之下，拟将投标邀请人数量确定为3家。但招标代理机构认为：面对3家投标邀请人，若万一有1家未能参与投标，则势必造成竞争不足，致使项目“流标”，故提议至少邀请4家投标人。同时，还建议招标人组建投标邀请人名单库，并从中随机抽取并确定最终投标邀请人名单。招标人听取了招标代理机构的建议，组建了投标邀请人名单库，并采用从库中随机抽取的方式确定了该项目正式投标邀请人。

#### 案例问题

问题1：邀请招标条件下，投标邀请人的数量应如何确定?

问题2：确定投标邀请人名单的方式有哪些?

#### 案例解析

解析问题1：在邀请招标条件下，有关投标邀请人数量的确定，法律上并没有明确规定。当投标人邀请数量较少时，可能存在案例中提到的“流标”风险，更重要的是无法实现有效竞争。当投标邀请人数量过多时，则将增加招标组织工作量尤其是评审工作强度。实践中，投标邀请人数量为4～7家比较合适。当然，招标项目性质、投资规模、建设难度等方面存在差异，出于优选中标人的考虑，如何结合市场情况确定投标邀请人数量的问题值得深入探究。

解析问题2：在合法合规前提下，明确投标邀请人数量、确定投标邀请人名单是招标人的法律权利。但对于如何确定投标邀请人名单，现行法律尚无明确规定。实践中，投标邀请人名单的确定方式多种多样，但只要是合法合规、符合《招标投标法》立法原则及改革要求的做法均是可行的。

针对案例中情形，在优化营商改革背景下，即便是长期开展招标项目的建设单位，也不建议通过投标人入库方式随机抽取确定投标邀请人名单。某些地区的行政主管部门曾针对特定领域的政府购买服务组建咨询服务机构库，这种做法同样与优化营商环境要求不符，被认为是变相排斥潜在投标人。在具体项目中，招标人在一定范围内选择潜在投标人并考察，通过竞争方式优选确定一定数量的投标邀请人的做法是比较常见的。或采用两步法，即第一步通过确定较大数量的潜在投标人名单后，第二步再从中随机抽取确定具体投标邀请人名单。实践中，也有招标人通过权威机构发布的市场交易优势排名信息中择优选择投标邀请人，但这种做法显然也与优化营商环境改革要求不符。新形势下，如何科学确定投标邀请人名单的问题值得深思。

案例启示：建设单位应该建立健全投标邀请人管理制度，规范投标邀请人数量与名单的确定过程。不同领域的市场交易竞争程度不同，投标邀请人数量的确定应视项目所属领域而定。针对具体项目确定投标邀请人数量的问题，应秉持确保有利于交易竞争原则，而投标邀请人名单的确定，则应视具体情况采用竞争方式提出。

## 案例30　巧妙化解开标会“冲突”

招标代理机构主持某大型房屋建筑项目施工总承包招标开标会，在投标文件密封情况检查环节，招标人发现投标人A将投标文件商务部分按册分类并分别密封封装，形成了多册密封袋。而投标人B则将投标文件商务部分以分册形式密封在一个密封袋内。为此，投标人B在开标会上当场提出异议，指出投标人A的投标文件密封做法不符合招标文件规定，并坚持认为招标人不应接受投标人A的投标。此时投标人A也不甘示弱，指出投标人B的投标文件密封情况不符合招标文件要求，并向参加开标会的招标人开标代表指出，招标文件有关投标文件密封的规定不合理。招标代理机构及招标人开标代表当场翻阅招标文件核实相关规定，果然，招标文件确实未就投标文件商务部分密封要求做出详细规定，只描述为“投标人需将商务部分密封在一起”。招标人开标代表沉思片刻后当场做出如下表态：一是招标文件规定不存在任何问题；二是投标人A和投标人B的投标文件密封情况均符合招标文件规定；三是对于投标人A和投标人B的投标招标人均予以接受。招标代理机构将上述全过程做了记录。而后，本次招标顺利完成，投标人再未对此提出任何异议。

### 案例问题

问题：开标会上，招标人开标代表的做法是否合理？

### 案例解析

解析问题：面对激烈的投标竞争，投标人在开标会上就投标文件密封情况相互指责是常见现象，连带对招标文件编制不合理提出质疑也是正常的。为顺利组织开标会，确保开标平稳进行，招标人及其委托的招标代理机构确实需要随机应变。一般而言，招标人拥有对招标文件的最终解释权。本案例中，招标人开标代表坚持认为招标文件关于投标文件密封情况的约定合理，维护招标人权益，能够分辨不同投标文件密封结果，并接受所有投标。以上种种，展现出招标人开标代表在开标会上的快速反应能力，其沉着表现有效化解了开标会危机。

案例启示：开标会是招标活动组织中的关键程序环节，是异议提出的重要窗口，充分体现出《招标投标法》公开、公平、公正以及诚实信用的立法原则。实践表明，开标过程突发因素多，对招标活动组织与管理提出了严峻考验，对招标人开标代表能力提出了较高要求。案例提示我们，要严谨编制招标文件，注重总结招标活动组织方法，防范和化解重大风险，持续不断地增强招标管理能力。

## 案例31　招标活动不能说停就停

某大学校园新址建设项目，外电源需从距离新建校址约2km处的变电站接驳。外电源工程主要包括约5km新建管沟及线缆敷设。该工程于2021年9月向供电部门办理了用电报装手续，但始终未获得建设工程规划许可。因该外电源工程设计前需进行测绘工作，故直至2021年12月才完成设计招标，并于2022年3月完成施工图设计，且随即通过了供电部门的审核。

在该外电源工程尚未取得建设工程规划许可手续的情况下，建设单位就启动了施工招标，并于2021年3月30日完成资格预审，于2021年4月15日发放招标文件。在招标人组织投标人进行现场踏勘时，发现该外电源工程部分路由位于临近某同步施工的地铁站建设红线范围内。招标人立即就该情况向当地规划行政主管部门核实，发现该在施地铁项目的建设路由确实与外电源施工路由存在局部重叠。此时，建设单位急切地向当地规划行政主管部门申办该外电源工程规划许可，同时向当地招标投标行政主管部门申请终止本次外电源工程施工招标，理由是上述路由重叠，导致外电源工程量清单及招标文件被迫做出重大调整。但招标投标行政主管部门并未准予终止招标。该外电源工程规划许可手续最终办理完成后，建设单位按照规划行政许可新路由重新调整了外电源工程设计成果，并同步对招标文件、工程量清单及最高投标限价予以大幅度修正，最终以招标文件补充修改方式发放给各投标人。而后，该外电源工程施工招标终于完成。

## 案例问题

问题1：本案例中，建设单位的做法存在哪些问题?

问题2：招标人申请终止招标是否合理?招标投标行政主管部门的做法是否正确?

## 案例解析

解析问题1：本案例中，招标人最大的失误莫过于未能及时办理外电源工程规划许可手续，这是导致与地铁规划线路重叠的直接原因，进而造成该外电源工程设计成果被迫调整。《招标投标法》规定，招标项目按照相关规定需要履行项目审批手续的，应当先履行项目审批手续。本案例中，建设单位在未履行审批手续的情况下就启动招标属违法行为，该外电源工程施工招标活动的有效性待定。

解析问题2：本案例中，招标人急切地终止招标是在遭遇重大风险后的正常反应。然而，招标投标相关法律法规对招标人能否终止招标有着明确的规定。总体而言，只有遇到非招标人原因且使招标活动无法正常进行的特殊情况，招标活动才可以终止，例如遇国家政策调整或不可抗力因素等。本案例中，招标人未及时办理外电源工程规划许可手续，导致与邻近地铁项目规划路由重叠，是由于招标人违规操作失误引起的，属主观原因。因此，其申请终止招标不合理，行政主管部门未予以批准是正确的。当然，我们不禁要问：该地区外电源工程为何能在未履行前置审批手续的情况下启动实施？为何该地区行政主管部门不及时叫停该招标活动？该地区是否存在项目招标活动初始监管乏力问题？此外，即便开始时不叫停，而建设单位发现外电源工程与邻近地铁项目路由重叠后，出于事中监管的考虑，是否也该叫停该招标活动？

案例启示：在招标活动组织前，项目应依法取得相关行政审批手续，围绕项目技术、商务、经济等各方面做好准备工作。在各地简化行政审批背景下，由于特殊原因，建设项目暂无法履行建设手续而又不得不启动招标的，行政主管部门应加强对招标活动的事中监管，督促建设单位做好招标准备，评估未取得前置条件导致的风险。同时建设单位应及时跟踪项目进展，一旦具备条件，应立即抓紧完善前置手续。本案例中，外电源工程是在招标时发现与邻近地铁路由重叠，若在施工期间发现该问题则项目损失更大。

## 案例32　评标方法设计要科学严谨

针对某政府投资建设项目设计招标，建设单位委托招标代理机构代其组织开展招标活动。为优选设计单位，招标代理机构在评标方法中设置了多种评审要素，并突出重点评审内容，在包括设计团队能力、设计方案等方面赋予较高分值。在评标接近尾声时，评标委员会对各评审专家打分进行汇总，其中投标人A的总分值最高，被推荐为第一中标候选人。但评标委员会组长在检查其他专家评分时发现，有1位评标专家分值合计存在微小算术性错误。于是，评标委员会组长要求该专家再次检查评审结果的准确性。果然，该专家在分值合计环节出现错误，即正确分值的加和后比先前错误结果仅相差了0.5分。经修正后，再汇总各评审专家总分时，投标候选人排名相比第一次却发生了变化，此时投标人B以微弱优势高于投标人A，被评标委员会推荐为第一中标候选人。

### 案例问题

问题1：关于评标专家出现算术错误后，修正分值而导致中标候选人排序发生变化，反映出案例中项目评标方法设计中存在什么问题？

问题2：如何避免案例中项目评标方法设计中存在的问题？

## 案例解析

解析问题1：本案例中，某评标专家出现算术性错误后，修正分值而导致最终中标候选人排序发生变化，反映出评标方法设计存在缺陷，主要表现在单个评标专家评审分值变化对整个评标结果影响过度敏感。这种个别评标专家意见影响整个评审结果致使评标委员会总体评审结果“失灵”的现象，称为评标方法的过度敏感性。

解析问题2：要想消除评标方法的过度敏感性，需科学设计评标方法。科学的评标方法设计以公允确定评审要素和合理设置评审分值为基础，需把握好如下原则：(1) 处理好“当前”与“长远”的关系。既应包括在对投标人“当前”能力考察的同时，又要注重“长远”可持续发展，尤其是对未来履约水平的考察。(2) 处理好“主观”与“客观”的关系。相比客观而言，主观评审内容对评标委员会能力要求更高，且在评定尺度上更具灵活性。因此，应细化主观评审分值，量化主观评审内容。(3) 处理好“基本”与“提升”的关系。评标方法中无论是量化评审部分还是非量化的响应性评审，均应充分结合标的特点，挖掘能够考察投标人“提升能力”的评审要素。(4) 处理好“通用”与“专用”的关系。一方面，通过专用评审内容调整不合理的通用评审内容；另一方面，结合项目需要，从全过程项目管理视角完善专用评审内容。(5) 处理好“正相关”与“互斥”关系。显然，优化和消除关联评审要素或降低相关度有利于优化评审过程，通过细化和明确评审基准以避免评标委员会对评审要素关联认识的情形。(6) 处理好“宏观”与“微观”的关系。评标方法应对这两类要素的比例予以合理配置，例如经济标评审中，在对总价评审的同时，也需要对个别报价进行评审，以全面考察报价合理性。

案例启示：评标方法是优选中标人的直接依据，需与招标文件其他部分尤其是合同条款保持一致，要充分体现项目特点，反映出招标人优选中标人的全部意愿。对建设单位而言，应充分体现管理利益诉求。实践中，评标方法设计往往比较关注评审要素确立和分值设置，而忽视了影响评标的数学方法的科学性。需指出，无论采用什么样的数学方法，均应注意评审要素确立的独立性及分值设置的合理性，更要注意针对评审要素认知上的统一性以及评审导向的一致性，唯有此才能保证评审结果准确、可靠。

### 6.1.2 工程招标的资格审查

## 案例33 资格审查评审结果，招标人有权质疑吗？

某新建办公楼施工总承包招标过程中，资格预审评审委员会专家全部从评标专家库中随机抽取产生。本项目资格预审评审结果显示共计产生7家正式投标人。招标代理机构将资格预审报告报送给招标人确认。招标人在仔细审阅资格预审评审报告及各投标申请人所提交的资格预审申请文件后，质疑评审得分排名靠前的投标申请人A和B的业绩造假。于是，招标人对资格预审评审报告不予确认，一方面，要求评审委员会重新开展资格预审评审；另一方面，指示招标代理机构尽快联系投标申请人A和B，要求他们尽快提交能够证明各自业绩真实性的相关材料，并决定亲自对两个投标申请人重新提交的材料真实性进行核查。招标代理机构向行政主管部门申请资格预审复审。在行政主管部门许可下，招标代理机构与评审委员会进行了联系，表明了招标人的意见和复审请求。但评审委员会答复称：原评审过程不存在任何问题，且坚持认为评审委员会是依据资格预审文件及投标申请文件开展评审的，且没有核实投标申请人所提交材料真实性的义务。最终，招标人不得不在原资格预审评审报告上盖章确认。

**案例问题**

问题1：招标人是否有权对资格预审结果提出质疑？本案例中，其针对资格预审结果提请复审的主张是否合理？

问题2：资格预审评审委员会的反应是否合理？其主张是否正确？

**案例解析**

解析问题1：招标人的质疑是合理的，其有权提出复审主张。招标人对资格预审报告确认是法律赋予的权利，其可以就《资格预审评审报告》疑虑与行政主管部门或通过其与评审委员会沟通。但其要求招标代理机构收集投标申请人A和B的证明材料，并决定亲自对投标申请人A和B材料真实性核查的做法不妥。一般而言，资格预审文件明确载明了委托资格预审评审委员会就投标申请文件进行评审。故此，其不应再亲自就投标申请人提交的材料进行审查，这与资格预审文件约定不一致，将会对招标活动公开、公平和公正性造成负面影响。

解析问题2：评审委员会的反应是正常的，但评审委员会的观点是不正确的。对于招标人的疑虑评审委员会应予以重视，且应严格按照资格预审文件要求，结合招标人疑虑商定是否启动复审事宜。当评审委员会无法判别投标申请文件材料内容真实性时，可按照资格预审文件要求针对投标申请文件启动面向投标申请人材料真实性的澄清程序。

案例启示：本项目资格预审文件可能未能详细规定针对投标申请人所提交材料真实性的核查机制，也缺乏针对投标申请人证明其材料真实性的具体要求。为此，有必要进一步加强招标投标交易主体信用监管机制建设，强化行政监管、建设管理及招标代理服务电子系统建设，加大公共资源与信息共享力度，充分利用信息化手段克服传统招标投标交易带来的局限性。

## 案例34　资格预审结果告知，不能图省事

某项目施工招标资格预审结束后，共计产生7名正式投标人。招标代理机构负责人蒋某将资格预审评审委员会提交的评审报告报送给招标人确认，并于次日送至行政主管部门完成备案。一个月后，招标代理机构向7名投标人发放了招标文件。开标前2日，蒋某收到未通过资格预审的某投标申请人有关本次招标活动的异议函件，内容大致是其一直未收到有关是否通过资格预审的消息。蒋某将异议函件立即转交招标人，并与该异议投标申请人取得联系，口头告知其确实未通过资格预审。该投标申请人在接到口头告知后情绪激动，并表示要进一步采取措施对本次招标活动合法性提出投诉。经反复沟通后，该投标申请人最终并未将投诉付诸实施。

自上述事件发生后，蒋某意识到资格预审结果告知的重要性，在其后续组织开展的其他招标活动中，凡遇到投标申请人数量较多的情形，为避免逐一告知资格预审结果带来的重复性工作，蒋某经常在招标代理机构所属网站发布招标项目已通过资格预审的正式投标人名单，并提醒所有投标申请人在网站上及时关注。

### 案例问题

问题：蒋某的做法有哪些不妥之处？

### 案例解析

解析问题：《招标投标法实施条例》规定，资格预审结束后，招标人应当及时向资格预审申请人发出资格预审结果通知书。因此，招标代理机构项目负责人蒋某的做法不专业，也不符合《招标投标法实施条例》的规定。需指出，在招标组织过程中，招标代理机构虽受托于招标人，但招标代理机构同样有义务维护好投标人的合法权益。本案例中，及时告知投标申请人资格预审结果，是对投标申请人权益的维护，是否通过资格预审决定了投标申请人是否有资格继续参加项目后续的投标，这不仅涉及投标竞争，也涉及投标申请人对自身投标资源的统筹安排。此外，蒋某将资格预审结果直接公布于网站，违反了《招标投标法》中关于资格预审结果的通知不应泄露通过资格预审的申请人名称和数量的规定，后果十分严重。

案例启示：尽管我国实行招标投标制度已经多年，但在投标申请人数量较多的情况下，为避免逐一通知资格预审结果带来的重复性操作，实践中，确有部分地区的招标代理机构将未通过资格预审结果在网站上集中告知的现象，这也是为什么要坚决推行电子招标投标交易的原因之一。电子招标投标交易机制在维护立法原则、确保交易科学性等方面发挥了至关重要的作用，尽管这一机制将法律规定固化于电子系统中，招标代理机构从业人员也不应忽视《招标投标法》的立法初衷，强化对法条内涵的理解，唯有此，才能以不变应万变，确保招标代理服务规范开展。

## 6.1.3 文件递交与文档管理

### 案例35 文件递交，迟到1分钟也不行

某大型房屋建筑工程，建设单位委托招标代理机构组织施工总承包招标，该招标活动已完成资格预审文件发放工作。资格预审文件规定：资格预审申请

文件递交截止时间为2022年10月25日16时00分，递交地址为某地区某办公楼5层506房间，即招标代理机构办公地点。某投标申请人A经办人张某于2022年10月25日16时01分携带按照资格预审文件要求密封的资格预审申请文件进入该办公地点欲递交文件。此时，招标代理机构经办人李某已开始清点和整理由各投标申请人递交的资格预审申请文件。李某当场向张某表示：由于资格预审文件规定的递交时间已过，不再接受张某递交的文件。见此情形，张某开始向李某哭诉迟到的种种原因，并表现得十分委屈。张某一再表示若本次无法完成递交任务，则必将被公司解雇，希望李某通融。最终，在张某声泪俱下的苦苦哀求中，李某于当日16时45分接收了张某递交的资格预审申请文件。

在后期资格预审阶段，由于投标申请人A的得分很不理想，故其未能通过该项目资格预审。当投标申请人A在接到招标代理机构经办人李某发出的未通过资格预审通知后，随即向招标人及行政主管部门递交了关于本次招标活动的投诉函，大致内容是：李某未能严格执行资格预审文件有关资格预审申请文件递交截止时间的规定，在张某迟到的情形下，依然违规签收其递交的资格预审申请文件。同时，投标申请人A还将张某迟到后有关李某签收文件的视频影像作为证据附于该投诉函。同时，投标申请人A以该项目招标活动严重违返公开、公平、公正原则为由，要求招标人依法重新组织招标。

## 案例问题

问题1：招标代理机构于截止时间后接收资格预审申请文件是否存在问题？

问题2：投标申请人A的投诉行为是否能迫使招标人重新组织招标？

## 案例解析

解析问题1：本案例中，招标代理机构经办人李某的操作确实存在违规情形。投标申请人A事后及时投诉的行为也充分反映出招标投标交易竞争的惨烈性。“强制性”是工程招标重要的本质特征，招标程序具有很强的严肃性。市场上，某些投标人为谋取中标不择手段，案例中项目情形不得不留给我们种种猜测：是否投标申请人A为主观故意迟到？其通过投诉谋求翻盘是否是预先策划好的？该项目背后是否存在围标串标等更严重的违法行为？

解析问题2：投标申请人A的投诉能否迫使该项目重新招标，要看案例中招标代理机构和投标申请人A的行为后果是否能够对本次招标的公平、公正性造成实质性影响。为此，不仅需结合该招标项目当前局面和现状情况做出分析，还需要侧面了解其他投标申请人对该事件的态度，也要结合资格预审文件规定，特别是评审方法规定，评估评审委员会针对投标申请人A的评审对整个资格预审评审结果的影响等。表面来看，案例问题因投标申请人A张某递交资格预审申请文件迟到而引起。实质上，却是招标代理机构经办人李某未能严格按资格预审文件规定签收文件所致。法律面前照章办事，人情并非首要考量因素。在招标投标交易巨大利益的背后，李某的“善良”终将无法换来投标申请人A的“同情”。应该说，招标代理机构应承担首要责任，李某也将为其工作失误付出代价。

案例启示：招标活动必须合法合规开展，招标人及其委托的招标代理机构有义务尽最大可能确保招标程序严谨履行。实践中，招标活动各环节组织具有一定灵活性，但树立风险意识和底线思维、把握关键环节操作、坚守法律原则是根本。当前，我国大部分地区的招标投标交易均已借助电子系统完成。电子系统时钟统一并有效保障了交易的精准性，是完全可以避免案例中情形的发生。但需注意：面对招标投标交易巨大利益，违法现象必然层出不穷，违法手段也将花样翻新，似乎“上有政策、下有对策”，但无论手段如何变换，只要坚守法律底线，坚持合法合规组织招标，终将能够化解重大交易风险。

## 案例36　项目招标文档其实一直不完整！

某政府投资公共服务类建设项目，建设单位十分重视招标文档管理，聘请了专业招标代理机构代其组织招标活动以及丰富经验的项目管理咨询机构为其开展招标管理。在项目各类招标活动组织过程中，两家单位各司其职进行了很好的协作。其中项目管理咨询机构对招标管理形成了一系列招标管理文档，包括过程文件审核意见、招标管理台账及事项协调的往来文函等。而招标代理机构则代招标人履行招标程序，形成了一系列法定招标活动文档。项目招标活动进展顺利，最终招标代理机构将全套招标活动文档报送给建设单位。建设单位看到其报送的文档缺乏有关招标管理的材料，随即要求其对招标文档进行补充。但招标代理机构认为，招标活动文档不包括招标管理文档，并称招标管理文档并非法定文档，建议其向建设单位委托的项目管理咨询机构索要。

## 案例问题

问题1：项目招标活动组织及管理文档分别包括哪些类型？

问题2：不同类型的招标文档存在什么差异？

## 案例解析

解析问题1：本案例中，建设单位要求补充完善招标管理文档的主张是正确的，但要求招标代理机构补充是不合理的。招标管理文档是项目管理咨询机构为建设单位提供招标管理服务中形成的，理应由项目管理咨询机构向建设单位提供。总体来看，项目招标文档分为两大类，第一类是招标人及其委托的招标代理机构组织招标活动、履行法定程序中直接产生的，称之为招标活动文档。该类文档主要体现出招标活动中交易主体法定责权利行使过程。该文档又具体分为两类，一是行政主管部门出于监管需要而颁布的监管文件，二是招标人履行法定程序而形成的文档，主要由招标代理机构开展服务所形成。招标公告、资格预审文件、招标文件、投标文件、资格预审及评标报告、中标通知书均为该类文档。第二类则是招标人或其授权的项目管理咨询机构实施招标管理而形成的文档，包括项目招标管理方案、合约规划、经审核的招标代理委托合同、独立合同段招标管理方案、项目招标管理制度、招标管理评价文件等，这些文档直接反映出招标管理质量与成效，体现了招标人的管理意志。

解析问题2：招标活动文档记录了招标活动各参与主体行为，形成了项目各参建单位的缔约成果，文档的形成全面依照招标投标法律法规的规定。行政主管部门针对项目招标投标交易监管中，该类文档作为被查材料，反映出项目招标活动组织的合法性。招标管理文档则直接反映出招标人针对招标活动管理的全过程，包括落实项目管理策划、实施管理过程、形成管理成果。招标管理文档并非仅围绕法律法规要求而形成，主要由招标人在开展科学管理中产生，对科学引领项目招标发挥着重要作用。在行政主管部门招标投标交易监管中，该类文档虽不直接作为被查材料，但却能够有效跟踪招标活动各参与主体行为，是招标活动管理完整的过程记录，在一定程度上揭示出项目招标活动文档的成因与效果。

案例启示：招标活动文档及管理文档共同组成建设项目招标文档，二者关系十分密切。从内容上看，招标管理文档侧重管理过程，而招标活动文档则侧重活动组织与程序履行。招标活动文档可理解为招标管理文档的具体成果，而招标管理文档可理解为招标活动文档的总结，两类文档合并反映出项目招标全过程情况。

## 6.2 延伸思考——实施科学化招标进度管理

对建设项目招标进度实施管控是全过程管理中一项至关重要的话题。由于工程招标涉及诸多方面，招标进程不仅关系到交易本身，更对建设项目整体推进产生致命影响，这是工程招标固有本质及其对建设项目开展发挥作用所决定的。由于各参建主体必然存在利益本位，建设项目各参建主体以招标人身份分别组织招标时，其目标存在一定对抗性。作为建设项目管理体系的重要组成部分，招标进度管理体系搭建应从行政监管、建设管理和咨询服务三层面出发，即以行政主管部门主导的建设项目协调推进机制为引领，以建设单位搭建的项目管理过程为路径，以招标代理机构构建的创新服务体系为保障，由此推进建设项目招标进程，并确保建设项目管理质量与效能的提升。

1.招标进度与项目建设进程的关系

**（1）建设项目招标进度管控内容**

建设项目招标活动主要集中在项目建设期的四个集中签约阶段，即项目前期决策咨询、勘察设计、施工总承包及分包阶段。前三个阶段的招标人是建设单位，而后一个阶段的招标人则为施工总承包单位。从单项招标看，可划分为三期，即准备期、缔约期、履约期。项目管理模式下，在项目前期决策阶段中，项目管理咨询机构实施招标管理策划，协助建设单位获取招标推进所需的技术、经济、商务及行政审批条件，代建设单位实施履约管理，招标代理机构提供管理伴随服务，二者协作推进项目招标进程。

**（2）立足招标推进项目建设进程机理**

建设项目通过招标确定各参建主体，各参建主体从其固有利益出发，通过主观能动性驱动服务良好开展。合同条款确立了各参建主体责任、权利与义务，建立了建设单位与各参建主体管理及各单位协作关系，建设项目管理制度体系及系统化管理要求在合同条款中得以明确。从深层看，招标作为一种部署管理要求的关键环节，其进程决定了项目未来进展的趋势。建设单位依托招标搭建的针对各参建主体的合约管控体系有效克服了主体利益本位所造成的管理对抗性，为建设项目推进营造了良好环境，加速了各参建主体的履约进程，并由此实现了建设交易效能的最大化和效率的最优化。

2.实施建设项目进度管控的依据

不仅是进度目标的确立，整个进度管控都是由行政主管部门、建设单位和招标代理机构通过各自对应的进度体系运行而推进的。其中，行政监管层面的进度体系依据包括法律法规与规范标准、发展规划、政策要求因素等；建设管理层面的进度体系依据包括建设单位管理需求、全过程管理要求因素等；招标代理服务层面的进度体系依据则包括企业发展战略、生产管理部署因素等。进度管控根源由上述各主体利益驱使，针对三层面进度管控形成了高质量运行的大体系。

3.打造建设项目的进度管控体系

（1）**各参建主体招标进度本位**

不同主体对招标进度管控均存在底线，可理解为是不可突破的进度下限。由于利益本位的存在，上述主体对招标进度把握的尺度不同，各自针对招标进度管控底线是本位的直接反映。例如，行政主管部门以区域发展规划实现为底线，建设单位则以建设目标实现为底线，而招标代理机构则以企业经营发展为底线。这种本位使得项目在监管和管理上对抗严重，因此，有必要将上述各自本位予以统一，否则必然导致项目招标进度失控。

（2）**建设项目招标进度体系的构建**

在建设项目行政监管、建设管理和招标代理服务进度体系共同组成的建设项目招标进度大体系中，行政监管进度体系是核心，建设管理进度体系则为监管体系提供有力支撑，招标代理服务进度体系与建设管理体系有效协同。在上述三层面的体系中，招标投标交易监管进度体系以区域发展规划为引领，依托高效监管模式，搭建科学监管机制和监管保障体系，以确保对项目整个招标进度形成主导。应该说，行政监管进度体系是整个建设项目实施招标进度控制的基准，建设管理进度体系则立足管理策划与合约规划，通过构建以建设单位为中心的管理模式，落实招标投标交易监管进度体系要求，这是实现项目招标进度的根本路径。而招标代理服务进度体系则依托高效的企业生产调度和资源分配机制，通过创新实现服务效率提升，该体系是项目招标进度实现的根本保障。有关上述三层面视角下项目招标进程主要影响因素详见表6。

三层面视角下项目招标进度主要影响因素一览表　　表6

| 三层面 | 影响因素 | 主要说明 |
|---|---|---|
| 行政监管进度体系 | 法律法规及相关规定 | 法律法规对招标时限的要求，以及对于推进招标前置条件的规定等 |
| | 所在区域政策影响 | 政府相关部门发布的推进实施建设项目影响工程招标进程推进的相关政策 |
| | 经济与社会发展规划 | 区域经济和社会发展规划对建设项目实施时序安排和周期部署等 |
| | 项目行政审批条件 | 项目投资、规划、国土等各类推动招标活动所需的必要行政许可手续 |
| | 项目外市政接驳条件 | 项目依赖的水、电、气、热各类外市政接驳条件现状与实施情况 |
| | 气候条件与不可抗因素 | 项目所在区域气候条件及由于客观因素导致的无法预测或抗拒的事项等 |
| | 项目重大问题与风险 | 项目实施过程中超出建设单位协调范围的重大问题或风险 |
| 建设管理进度体系 | 项目管理策划 | 明确项目有关进度管理目标和必要的措施，以及招标管理思路与方法等 |
| | 项目合约规划 | 明确建设项目招标时序、内容、范围及经过优化的合同委托关系等 |
| | 项目管理制度体系 | 确立各参建单位间协作规则，包含有关招标管理决策、审批、研商机制等 |
| | 项目技术与经济条件 | 推进项目招标所需技术、经济方面前置条件，以及二者间的优化过程等 |
| | 建设项目需求与变化 | 直接影响招标前置条件的项目功能需求提出与实施过程中发生的变化 |
| | 项目一般问题与风险 | 可由建设单位主导协调的，建设项目实施过程中遇到的问题与风险 |
| 招标代理服务进度体系 | 企业发展战略 | 招标代理机构企业发展规划中对于推进和发展代理服务的要求与方向等 |
| | 企业业务生产制度体系 | 招标代理机构内部有关自身业务管控规则，包括决策、审批、研商机制等 |
| | 企业人员培养体系 | 招标代理机构内部服务人员培养系统，能力提升机制 |
| | 企业生产资源分配体系 | 招标代理机构内部有关服务所需生产资源调度与分配机制等 |
| | 咨询理论方法创新体系 | 招标代理机构内部有关提升业务效能积累并创新形成的咨询理论方法体系，以及开展业务服务所使用的必要工具、手段等 |
| | 企业风险应对体系 | 招标代理机构内部建立的可持续性应对发展风险的机制等 |

4.招标进度管控体系运行机理

建设项目招标进度管控体系运行是通过行政监管体系、建设管理体系和招标代理服务体系相互作用实现的，通过搭建协调推进机制方式使得行政主管部门、建设单位、施工总承包单位及招标代理机构各主体有效配合。以公立医院建设项目为例，这一机制搭建详见图2。

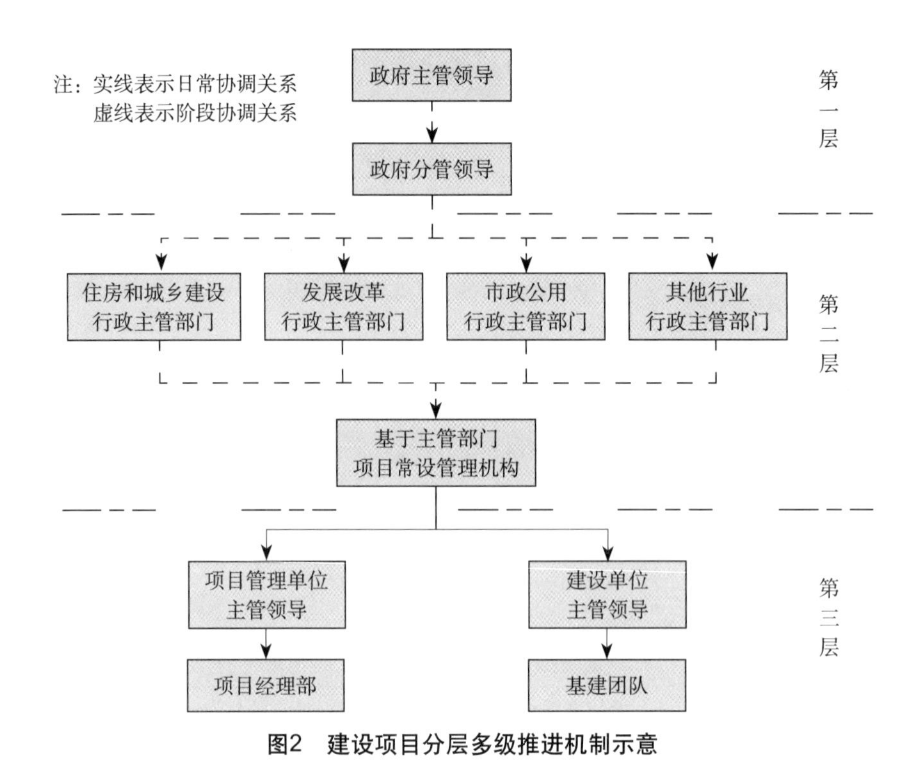


**图2　建设项目分层多级推进机制示意**

（1）**协调推进机制运行原理**

尤其对于大型政府投资建设项目，必须由所在区域政府机构牵头搭建协调推进机制，各相关行政主管部门共同参与，在项目监管的同时，通过指挥调度推进招标进程。该机制强调政府牵头作用，注重行政主管部门协调力度以及建设单位日常管理能力。行政主管部门针对项目调度的指令由建设单位落实执行。建设单位定期向行政主管部门反映阻碍招标进程的问题并协助处置，该机制使得行政监管与建设管理得以双向互动。

（2）**协调推进的微观机制**

协调推进机制由一系列微观机制组成。一是协调机制：以问题为导向，针对推进招标所需资源及面临的阻碍实施协调。对于在建设单位处置能力范围内的，则由建设单位实施协调。对于处理能力范围外的，由政府部门负责协调，并根据行政监管分工，如发展改革部门、住房和城乡建设部门分别协调处置项目投资、质量、安全等问题。二是监督机制：由相关行政主管部门根据区域发展规划，审查项目招标进度计划，并按计划督导项目推进，这需要协调推进机制具备敏捷跟踪项目进程的能力。三是研商机制：建设单位向由行政主管部门牵头的常设机构汇报招标进展，反映遇到的问题并提出处置建议。常设机构组织相关方面进行研商并做出处置决定。

**(3) 各主体协作的成熟度**

在协调推进机制中，各参建主体通过相互磨合，使管理制度体系更加健全，彼此产生信任。通过逐渐消除信息不对称和本位对抗性，使协调推进机制逐渐成熟。行政主管部门紧紧把握好自身定位，各参建单位与行政主管部门树立针对建设项目招标推进共同愿景，使进度管理思想得以统一，在面对重大进度问题决策和风险事件应对上，具有更加强大的处置能力。应该说，各参建主体协作关系达到成熟程度，建设项目招标进度管控走向成熟。

5.招标进度管控的核心问题

有关招标进度可以从两个层面理解，一是单纯推进招标程序的进度，二是完成招标所需技术、经济、行政审批准备以及相关项目管理任务的进度。如不考虑第二层面，仅考虑招标程序进程是比较简单的。然而，忽视了招标本质内涵将对履约构成风险，显然第二层面决定了招标的质量，推进第二层面事项进程需大量时间且过程艰难。实践中，项目招标进度计划是在统筹上述两个层面的基础上，兼顾项目质量、造价、风险等各方面管理平衡做出的。项目招标进程推进是在有限资源条件下，以保证项目监管要求执行和建设管理目标实现为前提。

**(1) 与质量管理的平衡**

建设项目质量管理也分为多个层级，其中施工实体质量由服务质量决定，项目管理质量决定了项目服务质量，而决定质量非常直接的因素就是技术因素。技术因素作为关键招标前置条件，项目各阶段技术成果深度对招标进度影响很大。为使项目履约顺利推进，有必要评估项目前期技术成果质量对后期实施的影响。需指出，实体质量对项目安全管理产生直接影响，作为红线，是实施质量保证的基本目标。

**(2) 与造价管理的平衡**

造价管理是项目建设监管与管理重点关注的内容。与质量管理类似，项目前期各项服务质量对后期造价管控起着决定性作用。要确保投资可控，就必须保证前期服务的合理周期，尤其是设计周期，以保证造价管理成果完备性及必要深度。特别是对于施工招标，要确保技术经济优化扎实推进，实施以造价管控为中心的协同举措。

（3）**重大偏差情形与返工**

实践中，项目招标推进往往偏离目标，虽是客观环境条件所致，但大多数则是由管理决定。这种重大偏差将导致招标决策变化，进而改变项目招标进程，包括产生招标终止、重新招标及争议暂停情形。前述出于其他要素管理需要而做出的调整均可能对进程产生影响。就单个招标而言，当后续环节尚未进行时，则前置条件变化将导致招标范围不一致，例如在施工总承包招标中，出于造价管控需要而实施设计优化时，工程量清单也随之调整。有效消除重大偏差的方法集中在项目前期和招标准备过程中，招标前期疏漏将使招标进度偏差概率大幅度上升，扭转偏差所付出的成本则高于一般管理成本。

在工程招标高质量发展背景下，立足行政监管、建设管理及咨询服务三主体视角积极构建项目招标进度管控体系，确保项目前期工作扎实推进。以管理协同思想为根本遵循，以面向主体、事项和要素的三维管理理念为理论依据，努力把握好建设项目管理约束条件，项目招标进度管控体系的持续改进必然为工程招标高质量发展提供保障。

# 第7章 高质量招标文件编审

## 导读

招标文件是招标人交易意志的体现，合同条款是履约最直接的依据。对招标代理机构而言，招标文件作为重要的服务成果，其内容广泛、思想深邃，蕴含着招标人大量的建设管理诉求和市场交易意图。为确保招标文件编制系统完整，采用具有系统工程思想的三维管理理念解决招标文件编审问题是十分必要的。

实践中，不少建设项目的招标文件质量不高，原因是多方面的。即便是招标人重视招标文件编审工作，但由于缺乏科学的方法，也可能无法真正提升招标文件编审质量。基于三维管理理念的招标文件编审过程，使得编审人员能够站在项目管理全局视角，考虑各种影响因素，增强招标文件的价值内涵。

本章共有14个案例，聚焦如何通过招标文件编审改善项目履约管理效果，特别是针对建设项目勘察设计招标文件编制创新、招标阶段经济文件编制及项目招标范围确定等方面展开解析。此外，本章还针对如何打造高质量招标文件体系做了延伸思考，旨在加深读者对工程招标非程序性的认识。

通过本章学习，读者能够理解，为什么说招标文件并非仅依靠招标代理机构独立编制，而是在专业项目管理咨询机构主导下，以建设单位牵头组织为前提，最终由招标代理机构编制完成的反映集体智慧的成果，从而诠释出建设管理理念，凝聚建设管理诉求，汇集履约管理想法等。当然，招标文件质量提升是无止境的，但以适用于项目为最佳。需要注意的是，项目管理咨询机构及招标代理机构都应不断总结提炼招标文件编审方法，持续积累编审经验，打造优质示范文本，从而推动工程招标高质量发展。

# 7.1 案例解析

## 7.1.1 勘察设计招标文件编审

### 案例37 科学管控在“设计”

某高校新校区建设项目，在已竣工的新校区一期工程中，尽管设计单位具备较高的设计资质，但设计效果欠佳，对项目各方面服务也不到位。由于项目投资失控、工期迟缓，质量问题频繁出现，建设单位对此十分不满。因此，在即将开展的新校区二期工程中，建设单位拟重新委托设计单位，并希望通过招标过程，对设计履约实施更加有力的管控。对此，建设单位咨询招标代理机构如何才能达到上述目的，招标代理机构认为应借鉴其他项目成熟设计招标文件及合同文本，从而充分吸取其他项目设计管理成功经验，建设单位对此表示十分满意。

#### 案例问题

问题1：建设单位希望通过招标环节实现对设计的科学管理是否可行？

问题2：招标代理机构给出的建议是否科学？

#### 案例解析

解析问题1：建设单位重视设计管理，并寄希望通过设计招标环节来达到管理目的，这一思想理念是可行的。正是由于项目设计对项目全过程管理至关重要，重视设计工作是建设单位组织实施好项目建设的重要前提。本案例中，在缺乏经验的情况下，建设单位很难对设计实施有效管理。应该说，只有构建设计单位与建设单位管理的协同体系，才能实现项目设计管理效能的提升，这也是设计管理的常见思路。之所以依托专业项目管理咨询机构对设计开展卓有成效的管理，是因为专业项目管理咨询机构具有长时间、大批量项目实践经验以及更加科学的设计管理方法，对建设项目设计与管理的关系认知比较清晰。

解析问题2：招标代理机构给出的建议具有一定的科学性。借鉴成熟、优秀的项目示范文本，学习类似项目的良好做法不失为一种好的做法。但更需要结合项目特点，从设计管理的若干重要方面出发，对设计单位提出全面管理要求，并纳入设计合同条款，这才是解决设计管理问题的根本途径。

案例启示：有必要从如下方面约定设计招标文件内容：(1) 多维度界定设计范围，包括从空间、投资、阶段及深度等多个维度对设计范围与内容进行详细约定；(2) 全面实施设计总承包模式，定义设计自行实施、自行分包以及强制分包内容；(3) 提出详细的设计管理配合服务事项清单，要求设计单位围绕建设管理提供详细协同；(4) 全面改革设计费用支付方案，费用支付应与建设单位的管理阶段成效以及设计成效深度关联，从经济上对设计工作形成约束；(5) 针对设计单位实施全面履约评价，将评价结果与费用支付关联，利用经济手段促进设计履约成效的实现；(6) 详细界定设计违约追偿金额，从而对设计违约形成有效威慑；(7) 强力推行限额设计，提出详细限额设计要求，还应对由设计原因导致的超投资情形明确其经济责任，同时要求设计单位提交履约担保并办理设计责任保险等；(8) 要求建设单位采用新技术，如BIM技术开展设计工作，优化设计内容；(9) 对分包设计费用单独报价，从而有利于对设计费开展灵活计量与支付；(10) 要求设计单位就上述内容提交承诺，保证按照建设单位要求落实执行；(11) 限定设计团队人员最低资格，对设计单位人员能力提出具体要求等。

## 案例38　设计管理诀窍在于“伴随服务”

某政府投资大型公共服务类建设项目，建设单位对设计招标比较重视，其希望通过招标环节实现对设计单位的精细化管理，以期能够使设计更好地发挥作用，其聘请了有经验的项目管理咨询机构和招标代理机构分别为其开展项目管理和组织招标活动。项目管理咨询机构向建设单位请示，并与招标代理机构沟通后，希望在设计招标中通过详细定制合同条款，使未来设计履约充分响应建设管理要求。项目管理咨询机构在项目中提出“设计管理伴随服务”概念，建设单位及招标代理机构却从未听说过这一概念，但出于信任，建设单位及招标代理机构还是支持了项目管理咨询机构关于完善设计合同条款的做法。

## 案例问题

问题1：建设单位及招标代理机构对“设计管理伴随服务”概念的不了解说明什么？

问题2：什么是“设计管理伴随服务”？提供这种服务的意义何在？

## 案例解析

解析问题1：建设单位及其委托的招标代理机构毕竟不是专门开展管理服务的咨询机构，缺乏必要的设计管理经验，不了解“设计管理伴随服务”等新概念是正常的。在合同条款中补充定制管理条款时，有必要由项目管理咨询机构先行整理管理条款，再由招标代理机构进一步整理后正式写入合同条款。虽然招标代理机构对“设计管理伴随服务”不了解属于正常现象，但对有意创新服务内容、实施转型发展的招标代理机构，唯有了解这一内容并应用这一技能才能更好地为招标人提供有价值的咨询服务。

解析问题2：设计服务在项目管理中确实发挥着举足轻重的作用，必须确保设计单位能够按建设单位或其委托的项目管理咨询机构要求开展工作，并针对管理提供伴随服务。所谓“设计管理伴随服务”是指围绕项目建设的一系列管理要求，在常规设计服务基础上进一步拓展，以全面满足管理要求，从而确保与各类建设事务有效衔接，充分实现与各参建单位的良好协作。

案例启示：招标代理服务创新很大程度上要立足招标项目的标的来实现，工程招标的主要目标就是确保未来履约效能的提升。就建设项目而言，要确保建设单位管理诉求在招标阶段实现。本案例中，“设计管理伴随服务”打通了项目设计与其他事务的内在联系，强调了设计服务与项目管理的关系，实现了以设计为引领的项目技术因素与其他管理因素的融合，这不仅是项目管理咨询机构在开展管理服务时所聚焦的，也是招标代理机构未来创新所关注的。实际上，各类单项咨询服务的创新过程，可能存在服务内容交叉重叠的现象，但这也恰恰开启了单项咨询服务的融合进程，有利于实现多样化的服务特色。

## 案例39　应该由谁提出设计团队人员要求

某政府投资办公大楼建设项目，建设单位委托了专业项目管理咨询机构为其开展项目管理。建设单位希望中标设计单位能够提供优质的服务，并寄希望通过招标方式优选设计单位，从招标文件合同条款入手对设计单位拟派团队人员要求做出详细约定。但招标代理机构认为，其虽具有多年招标服务经验，但对中标设计单位如何拟派较强实力团队人员，以及这些团队人员如何与项目管理咨询机构良好配合不得而知，并建议由项目管理咨询机构提出设计团队人员具体要求。

### 案例问题

问题1：招标代理机构针对设计团队人员要求的认识是否科学？

问题2：如何对中标设计单位拟派团队人员提出更科学的要求？

### 案例解析

解析问题1：应该说招标代理机构对设计单位拟派团队人员的认识是有道理的。建设单位对其管理诉求的认识比较深刻，其希望通过招标过程改善设计管理、优选中标单位并获得有实力的设计团队人员的想法值得提倡。招标代理机构对其自身能力尤其是身处招标环节的局限性认知比较清晰。其实，正是因为招标代理机构掌握的管理信息相比项目管理咨询机构的不对称性掣肘了招标文件的定制，需要项目管理咨询机构与其协同开展招标文件编制。

解析问题2：有关设计单位拟派团队人员要求应由建设单位及其委托的项目管理咨询机构结合项目具体情况提出。过程中，招标代理机构可结合自身经验给出合理化建议。但设计团队人员要求仍应主要由项目管理咨询机构提出，并最终由建设单位确认。一般而言，设计团队人员拟派应结合管理需要，确保设计人员与项目管理团队人员所属专业工作分工保持对应。有关设计团队人员的考量因素应主要围绕管理协同能力，尤其应关注团队负责人及专业人员的综合能力。

案例启示：项目管理服务与招标代理服务的融合体现在方方面面。由于建设项目所有事务都为项目管理所关注，所以项目管理服务与其他各单项咨询服务的融合是无止境的。同样，任何单项咨询服务都可以从管理视角做出拓展，从而形成所谓的“管理伴随服务”。本案例中，虽然项目管理目标体系及详细管理要求由项目管理咨询机构提出，项目管理咨询机构对设计单位拟派团队人员的具体要求最有发言权。然而，招标代理机构多年从事招标代理服务，对设计招标具有丰富的项目经验，完全可以就设计团队人员拟派问题提出合理化建议。这种提出合理化建议的过程恰恰体现出招标代理服务的价值，诠释出招标代理围绕建设管理的“管理伴随服务”效果。

## 案例40　勘察也可以采用总承包模式

某政府投资大型公共服务建设项目，建设单位对设计招标比较重视，但对勘察招标却不甚了解，尤其对项目勘察与设计的关系并不清楚。招标代理机构参照简单项目勘察模式，会同建设单位仓促组织完成了勘察招标。勘察单位中标后希望拓展其服务范围，企图为建设单位开展全过程工程咨询服务，于是，向建设单位建议由其做勘察总承包，将项目中凡与勘察密切相关的事项合并后交由其承担，以充分发挥项目勘察作用。建设单位认为这一建议不仅减少了委托工作量，还可实现更加显著的管理效果，于是便听取建议，与勘察单位签订了全过程工程咨询的补充协议。

### 案例问题

问题1：本案例中，勘察单位的建议是否合理？勘察招标存在什么问题？

问题2：房屋建筑项目一般勘察包括哪些内容？招标文件应如何约定？

### 案例解析

解析问题1：案例反映出建设单位对项目勘察不甚了解，显然对勘察招标准备不充分，过程把控不严。勘察单位有关合并相关事项并实施勘察总承包模式的建议有利于对项目开展勘察管理。一般而言，项目勘察属依法必须招标的内容，改变中标合同实质性内容而签订的补充协议显然是无效的。如果在本项目勘察招标前，建设单位能够全面意识到项目勘察的重要性，在合约规划阶段就谋划实施勘察总承包模式，则勘察招标的成效必然更加显著。

解析问题2：项目勘察工作内容主要包括勘察咨询、初步勘察、详细勘察及围绕项目施工过程的勘察服务。总体来看，勘察咨询和初步勘察主要为项目选址、方案设计、初步设计提供必要条件，而详细勘察则建立在项目初步设计成果的稳定基础上，为施工图设计提供必要条件。在项目施工阶段，针对土方及边坡支护、地基基础工程勘察尤为重要，项目勘察在某种程度上能够优化项目设计并确保成果可靠。项目后期，勘察服务主要集中在建筑变形与沉降观测，以及确保地基基础、建筑工程顺利验收等方面，勘察合同条款应重点强化对上述事项的约定。

案例启示：勘察招标的关键在于勘察组织管理本身，应抓住勘察内涵以及其在项目管理中发挥的重要作用，实施勘察总承包模式，界定好勘察内容和范围，调整好勘察与设计服务的关系，以全面提升项目勘察的履约质量。



## 案例41　设计管理要翔实，否则隐患大!

某大型政府投资建设项目，建设单位缺乏项目管理经验，聘请了某招标代理机构组织设计招标。但该招标代理机构经验不足，服务能力不强，在其提交给招标人的招标文件送审稿中，设计任务书套用了其他类似项目文本编制。设计单位A中标后向建设单位提出，根据其对本项目设计任务书的理解，认为自己只负责项目建筑结构部分的设计工作，而其他专业内容尤其是与使用功能密切相关的设计工作均需由建设单位另行委托其他设计单位实施。同时设计单位A坚持认为：目前项目经批准的初步设计概算对应全部设计费用均应支付给自己，而其提出的需由建设单位另行委托工程内容对应的设计费用应由建设单位委托施工总承包单位深化设计时，从拨付给施工总承包单位的工程费中列支。对此，建设单位感到迷茫，觉得设计单位A的建议似乎有一定的道理。

### 案例问题

问题1：设计单位A关于项目设计工作安排及费用建议是否合理?

问题2：案例中暴露出该项目设计招标存在什么问题?

## 案例解析

解析问题1：案例中，设计单位A关于项目设计工作安排及费用建议是不合理的，完全没有考虑建设单位的管理诉求，存在严重的利益本位倾向，这是中标后向招标人谈条件的做法。设计单位A建议专业工程由施工总承包单位深化设计，从其自身利益看是为了逃避其应尽的设计义务。实践中，不乏一些咨询服务机构缺乏诚信，出于自身经济利益追求，逃避合同义务与责任的现象时有发生。某些建设单位，尤其是在首次组织项目时缺乏管理经验，盲目相信非诚信的咨询建议。

解析问题2：设计单位A的种种表现暴露出该项目设计招标管理存在严重问题，尤其是设计任务书编制不翔实，缺乏对设计服务的约束。在设计范围方面，未能做出详尽描述，导致中标设计单位A自行理解并更改设计范围。此外，在设计费计取方面，合同中也未能做出明确约定。对于设计单位A这种缺乏诚信的设计服务商，有必要强化项目后期施工总承包单位管理。尤其是在招标阶段就要对施工总承包单位针对本项目的设计配合做出安排，例如可以要求施工总承包单位就本项目设计过程和设计成果提出合理化建议，若施工总承包单位具备设计资质，可要求其加强施工组织设计以及必要的深化设计工作。当然，施工总承包单位的设计成果不能作为项目计量计价的依据，但作为施工总承包单位管理伴随服务的重要组成部分，有利于对项目设计单位的工作形成校核。本案例中，项目经批准的设计总费用不应全部支付给中标设计单位A，而应综合考虑未来所有参与项目设计工作的情况，对应给予酬劳。

案例启示：设计服务是重要的，设计招标是专业的。对缺乏管理经验、不具备管理能力的建设单位，有必要聘请专业项目管理咨询机构代其对招标过程实施科学管理，并在设计招标阶段就将详细管理要求纳入合同条款。本案例中，设计单位未能按照合同履约是造成建设管理陷入被动的主因。对此，建设单位应通过强化设计履约管理，改善被动局面，重点从履约评价入手，以合同为依据，逐个梳理设计单位履约情况，并收集履约证据。对设计工作给予客观评定，将评定结果与设计费用价款支付关联等，视情况就有证据表明设计单位未按合同履约给项目所造成的损失提出索赔。

## 案例42　施工总承包单位也能做设计

某机关办公大楼建设项目，资金来源为全额政府投资，建设单位希望尽早完成施工总承包招标工作，且未对施工总承包单位实施有效管理。在招标文件编审阶段，建设单位委托的项目管理咨询机构向其提出建议，即由施工总承包单位适当参与项目设计工作，尤其是与项目使用功能密切相关的专业工程深化设计，同时将这一要求写入施工招标文件及合同条款。之所以这样提议，是项目管理咨询机构基于未来项目设计单位与施工总承包单位就项目设计相互紧密配合上所提出的。项目管理咨询机构认为：如果项目设计单位未能按合同履约或逃避设计义务而导致部分设计成果不能及时提交，甚至出现设计质量问题时，势必对项目产生不良影响。项目管理咨询机构希望施工总承包单位适当介入设计工作，针对项目设计提出合理化建议，或必要时提出设计成果以供项目参考。然而，建设单位却对项目管理咨询机构的建议表示不解，认为即便是施工总承包单位具备设计资质及设计经验丰富，但由其承担部分项目设计工作也是不合法的。

### 案例问题

问题1：项目管理咨询机构向建设单位提出的有关施工总承包单位介入项目设计工作的考虑是否合理？

问题2：如何激发施工总承包单位的能动性及优势，协助做好项目设计工作？

### 案例解析

解析问题1：实践中，市场上某些有着较强综合实力的施工总承包单位具有丰富的工程总承包经验。应该说，工程总承包模式的推行强化了施工总承包单位的设计能力，施工总承包单位对专业承包单位或材料设备供应商围绕其施工过程或产品特性开展的深化设计负责，对项目施工组织层面设计负有管理义务。这种深化设计，作为项目质量和安全管理中的重要参考，对项目正式设计成果起到补充、校验的作用。施工组织设计、深化设计及合理化建议与项目设计一并组成了项目设计成果体系。也要看到，施工总承包单位组织开展的设计往往与施工过程存在“同体利益”现象，这就需要建设单位及其委托的项目管理咨询机构加强管理，并就复杂设计成果的合理性组织第三方论证。

解析问题2：激发施工总承包单位的能动性助力项目设计，有必要在施工总承包招标环节就做出管理部署，尤其针对施工总承包范围做出合理规划，确保当施工总承包单位中标后能够与建设单位管理保持有效协同。从施工角度延展项目设计，论证施工过程的技术经济可行性，组织具有设计能力的施工总承包单位实施项目设计优化，全面校验项目设计单位工作过程及成果的科学性。若施工总承包单位合理做法确实使项目效益大幅提升，建设单位则应当给予其必要的奖励。

案例启示：实际上，在建设项目管理中，采用就同一事项委托不同服务单位实施的做法，有效克服了各参建单位间利益本位局限，积极利用可能出现的协作矛盾，有效减缓了管理对抗性。这种睿智做法确实能够激发各参建单位的能动性，使其从不同视角面对同一问题能够得到不同的答案。当然，这就需要详细界定各自的服务内容、范围及深度，明确成果的有效性。当然，有关多重委托在项目管理中的应用仍需进一步深入探究。

### 7.1.2 招标阶段经济文件编审

#### 案例43 如何克服经济文件编制的局限性?

某政府投资公共服务建设项目，施工图设计基本完成。但由于该项目建设内容十分复杂，部分设计内容处于论证当中，尚不稳定。建设单位委托了专业项目管理咨询机构和造价咨询机构，其中造价咨询机构为其组织编制施工工程量清单及最高投标限价文件。由于工期紧迫，在经济文件编制中，建设单位要求造价咨询机构务必尽快完成编审。于是，造价咨询机构仓促编制完成了全部经济文件并提交给建设单位。当建设单位正打算将工程量清单发放给各投标人时，却遭到项目管理咨询机构的阻止。项目管理咨询机构认为：招标阶段经济文件涉及建设项目的重大管理利益，鉴于本项目设计成果尚不完善，相关招标前期准备不够成熟，建议就该经济文件组织详细、系统地审查，并坚持要求将造价管控要求一并纳入经济文件。但迫于工期压力，建设单位未能采纳项目管理咨询机构的建议，拒绝对经济文件组织审查，并仓促发放了招标文件及经济文件。

## 案例问题

问题1：项目管理咨询机构劝诫建设单位强化经济文件审查的做法是否合理？

问题2：由造价咨询机构独立编制招标阶段经济文件存在哪些局限性？

## 案例解析

解析问题1：关键时刻，项目管理咨询机构要求建设单位强化工程量清单及最高投标限价文件审查的做法是明智的。但由于工期紧迫，在招标文件即将发出的时间点，强化审查经济文件确实影响项目进度。然而，招标阶段经济文件准备不充分，向投标人发出未经详细审查的经济文件，势必给后期造价管控增加难度，甚至增加项目后期工期管控压力。由于该项目招标阶段设计成果不完善，建设单位必将为招标前未能详细审查经济文件的做法付出代价。实践中，建设项目施工招标前，尤其对于建设体量庞大、社会关注度高的建设项目，为了将招标阶段经济文件编审对项目工期影响降到最低，有必要提早开展编审准备，科学统筹编审工作。

解析问题2：招标阶段经济文件由建设单位委托造价咨询机构编制，并经建设单位审核确认。经济文件编审依赖于一系列前置条件，并精心准备。客观上，项目工期紧迫，经济文件编审周期短暂，编审过程仓促。实践中，有些项目造价咨询合同中约定的服务义务也不够明确，造成造价咨询机构未能与项目管理咨询机构有效协同，或未能落实建设项目管理要求，进而导致经济文件编制效果不佳。为克服上述造价咨询机构独立编制的局限性，提倡由项目管理咨询机构会同造价咨询机构共同编制经济文件，包括共同开展必要的编制准备，就编制要求和成果及时相互交底等。这种联合编审模式将有效克服造价咨询机构服务本位，提高经济文件编制质量，有利于过程管控，并最终提升编审效能。

案例启示：受限于项目工期，组织经济文件的详细审查是很困难的，文件编审组织管理压力和难度很大。为此，项目管理咨询机构与造价咨询机构开展经济文件的联合编审是可行的对策。两家单位就项目全过程管理保持有效协同，即建设单位与项目管理咨询机构及时向造价咨询机构提出管理要求，造价咨询机构在编制中实时反映相关问题，建设单位与项目管理咨询机构随时组织协调解决，以确保造价咨询服务与项目管理服务的有效融合。当然，对于同一咨询机构既开展项目管理服务又开展造价咨询服务的全过程工程咨询模式下，也是促进两项咨询业务融合的最佳方式。

## 案例44 莫将最高投标限价当“儿戏”

某政府全额投资大型公立医院建设项目，周边环境条件比较复杂，所处地块路网尚未按规划完全实现。项目前期未采用项目管理模式，医疗工艺流程设计也尚未开展。目前，项目各类医疗专项设计均已启动。针对项目医疗专项功能需求，医院内部意见不统一，该项目投资审批手续却办理得较快，当地发展改革部门已批复了该项目的初步设计概算，其中经批准的工程费约23000万元。建设单位在拿到初步设计概算批复文件后，便委托专业项目管理咨询机构为其开展项目管理，委托造价咨询机构编制工程量清单及最高投标限价文件。

为快速推进施工总承包招标，医疗专项全部以暂估价方式安排。施工总承包招标文件已完成招标人盖章确认工作。而后，项目管理咨询机构在对最高投标限价的审核中发现：施工最高投标限价为22500万元，与经批准的初步设计概算仅相差500万元，其中暂列金额占控制价比例为2%，且各专业工程暂估价均按经批准的初步设计概算设置。项目管理咨询机构审核后认为上述金额安排不合理，于是建议组织造价咨询机构修改完善。建设单位认为最高投标限价并未突破经批准的初步设计概算，没必要修改完善，且考虑到工期紧迫，要求尽快完成招标活动，最终施工总承包中标金额为22450万元。

### 案例问题

问题：本案例中，最高投标限价与经批准的初步设计概算对应总额相差500万元是否合理？

### 案例解析

解析问题：本案例中，医院项目最高投标限价与经批准的初步设计概算对应总额相差500万元是不合理的。一般而言，2%的暂列金额比例也比较低。由于公立医院项目建设过程复杂，2%的暂列金额及500万元的概算剩余投资一般不足以应付项目因重大变化所需的资金缺口。尽管政府投资建设项目具有预备费机制，但面对复杂项目，预备费甚至不足以应对政策变化、市场价格波动及各种不可预见因素导致的资金需要。本案例中，项目管理咨询机构指出这一问题不无道理，确实应当使最高投标限价与经批准的项目初步设计概算保持合理差距，以便有效应对未来项目建设所需的资金需要。

案例启示：该案例凸显出建设单位及其委托的项目管理咨询机构缺乏与设计单位及造价咨询机构在招标阶段经济文件编制上的管理协同。鉴于医院建设项目复杂性，要扎实推进设计工作，提早组织经济文件编制，详细开展最高投标限价与概算对比，及时掌握最高投标限价与概算差距。抓住招标环节时机，开展技术经济优化，不断调整最高投标限价成果，并使其与经批准的初步设计概算保持合理差距，为后期项目实施稳健管控奠定基础。

案例追问：造价咨询机构不了解建设项目造价管控思路是否正常?

追问解答：目前实践中，造价咨询机构不了解建设项目造价管控思路是普遍现象。但作为经济文件编制主体，不了解是不应该的。这显示出市场上招标阶段造价咨询服务的深度不足，未能体现真正的咨询服务价值。从深层看，建设管理利益是建设单位的核心利益，造价咨询机构有义务关注其核心利益，配合并协助建设单位及其委托的项目管理咨询机构就造价管控在招标阶段做出前瞻性考虑。造价咨询机构唯有了解并掌握造价管控思路，才能提升咨询服务成效。

案例启示：不能表面机械地理解政府投资控制的相关政策规定，要确保项目最终结算金额不突破经批准的初步设计概算，就必须在最高投标限价编制中提早考虑造价管控的问题。施工招标阶段是项目造价管控的关键阶段，这是由于合同价款约定在这一阶段形成。招标文件编审应站在造价管控角度，利用招标活动竞争性特征，调动投标积极性，实现竞价效果，落实造价管控策略，约定好合同价款，向各参建单位部署好造价管控要求等。

## 案例45 树立最高投标限价深刻认识

某大型政府投资建设项目已组织完成施工图设计，发展改革部门批准了本项目初步设计概算。建设单位委托某具有丰富经验的造价咨询机构为其开展施工总承包招标工程量清单及最高投标限价编制。造价咨询机构告诉建设单位：

施工总承包招标的控制价作为最高投标限价，将对投标报价起到拦标限制作用。当造价咨询机构首次编制完成最高投标限价，发现最高投标限价突破了该项目经批准的初步设计概算。为确保项目造价可控，建设单位随即要求造价咨询机构尽最大可能对最高投标限价进行压缩，直至不高于经批准的初步设计概算。造价咨询机构十分无奈地告知建设单位：不合理的最高投标限价将可能导致投标报价严重偏离市场价格，给后期造价管控带来沉重负担。但建设单位对造价咨询单位的意见置若罔闻，仍执意坚持压缩最高投标限价。

## 案例问题

问题1：最高投标限价的内涵是什么？

问题2：就最高投标限价突破经批准的初步设计概算问题，建设单位应如何处置？

## 案例解析

解析问题1：最高投标限价是招标人对标的交易价值的自我认知，是对潜在投标人报价可接受程度的底线。在建设项目中，建设单位一般将最高投标限价机制作为造价管控的手段，充分彰显出管理属性，其本质特征包括：市场引导性、市场决定性、项目针对性和经济承受性。这些特征决定了最高投标限价在助力建设单位实施全过程管理，特别是在造价管控方面发挥着关键作用。

解析问题2：建设单位为确保最高投标限价不突破项目经批准的初步设计概算，不惜一切代价责令造价咨询单位压缩最高投标限价，将全部目光聚焦于这一表面化的做法上，是建设单位在管理上存在的最大问题。这一做法不仅违背了建设管理基本规律，切断了建设技术与经济管理因素间的联系，也扰乱了正常的市场交易秩序。

正是由于最高投标限价具有丰富内涵，建设单位有必要对最高投标限价形成过程实施科学管理。对于最高投标限价突破经批准的初步设计概算情形，应立即组织就施工图设计与初步设计进行对比，就初步设计概算与最高投标限价偏差进行分析，锁定突破概算原因。对于确属设计技术因素导致的，则应当优化设计成果，若由于其他原因如环境或市场因素导致最高投标限价高于概算水平，则应组织专家论证，但这同样需要与初步设计概算进行对比，并视偏差程度对设计成果做出优化等。

案例启示：招标阶段经济文件编制的作用并非仅限于工程计量与计价，也不仅是对投标报价做出限制。更重要的是，招标阶段作为建设项目造价管控的关键阶段，工程量清单及最高投标限价文件编审是项目造价管控的重要切入点。显然，该环节与项目技术因素密切相关，且随着项目的不同而存在差异。任何针对招标阶段经济文件的优化都是必要的，这是由造价管控规律所决定的。一般而言，建设项目施工招标往往备受关注，招标管理所付出的成本也比较高，这要求对经济文件编审提早安排、超前谋划，特别是在建设项目前期针对设计、造价咨询机构等服务委托中就要对相关参建单位做出精细化管理部署。

## 案例46　经济文件编得好，能“赚钱”

某大型商务写字楼群开发项目施工图设计已经完成，特别是土方及边坡支护工程设计也已达到施工图设计深度。在施工总承包招标中，建设单位拟将该工程以分部分项清单形式纳入投标竞价范围。

勘察报告显示，该项目地下地质条件良好，处于早期河流冲积带，地质层蕴藏着大量“级配砂石”。由于“级配砂石”是填筑高等级公路路基或建筑基础的优质材料，故项目管理咨询机构向建设单位建议：将土方及边坡支护工程所需消纳的级配砂石“卖掉”，以冲抵该项目建设投资。并要求造价咨询机构在土方及边坡支护工程量清单对“土方消纳”分部分项的“特征描述”中做出详细说明，且在最高投标限价编制中考虑级配砂石“收益”。最终招标顺利完成，此做法为项目节约投资达1500万元。

### 案例问题

问题：本案例中，有关土方消纳工程量清单的做法，成功之处何在？

**案例解析**

解析问题：本案例中，项目的招标组织显然是成功的，而成功之处在于节约了大量项目投资。可以说，建设单位有效利用了招标竞争机制，充分发挥了工程量清单及最高投标限价的造价管控功能，激发了投标人的能动性，释放了交易潜能，诠释了建设市场交易规律。

案例启示：工程量清单及最高投标限价机制不仅具有资金支出功能，更能实现收益效果。招标环节在项目建设管理中发挥着重要作用，工程量清单及最高投标限价文件编制更对项目投资具有较强的预控功能。工程招标竞争性本质使投标人在激烈竞争条件下做出让利，从而使建设单位管理获得收益。招标投标交易不仅是优选中标人的过程，更是利用经济杠杆对建设交易实施价格竞争和实现项目造价控制目标的工具。

### 7.1.3 项目招标范围的确定

## 案例47 项目“红线”≠招标范围

某大型医疗综合体建设项目，建设内容比较复杂，周边道路尚处于规划状态，未开始修建，配套的水、电、气、热等市政公用工程也尚需与项目同步实施。建设单位针对本项目分别开展的设计和施工总承包招标中，由于招标代理机构对项目周边市政公用工程及项目设计、施工范围边界不甚了解，故在上述两项招标范围界定中均以“建设红线”为界进行表述。项目招标结束后，中标设计单位向建设单位表示：市政公用工程与项目实施界面划分是比较复杂的，并不能简单以“建设红线”作为表述。而后，建设单位在组织办理项目配套市政公用工程报装手续时也认识到该问题的严重性。为降低项目建设红线内外同步施工协调难度，建设单位召集了设计及施工总承包单位研究此事，但施工总承包单位并不积极，还摆出一副决定要在市政公用工程接驳施工时向建设单位提出工期及费用索赔的架势。

**案例问题**

问题1：对房屋建筑工程项目而言，市政公用工程与项目实施边界应如何划定？

问题2：涉及同步实施配套市政公用工程的项目，合约规划应如何考虑？

## 案例解析

解析问题1：市政公用工程涉及公共利益和公众安全，大多牵扯相邻不同项目的共用共享问题。当前在我国市政公用工程管理体制中，市政公用工程大多由国有企事业单位负责管理，而市政公用工程产权归属是管理的核心。由于市政公用工程大多为线性工程，故与建设项目的接驳比较复杂，受地区管理体制限制，不同地区的接驳方式和施工组织存在差异。

一般而言，市政公用工程与建设项目边界划分以市政公用工程产权归属划定为原则。以某地区为例，外电源工程以“分界小室”为产权界，将“分界小室”至红线外电力变电站划入项目施工总承包范围。热力工程则以“换热站”作为产权界，将换热站至红线外热力设施划入施工总承包范围。燃气工程则全部划入施工总承包范围内。对于雨水、污水、中水、自来水等市政公用工程，则一般以临近红线的“管井阀门”为产权界等。

解析问题2：对于建设项目，推进市政公用工程接驳协调普遍难度较大。在项目管理策划阶段，就要充分结合市政公用工程报装、方案咨询及市政设计等问题谨慎做出规划。

在市政公用工程设计招标中，有必要将其纳入建设项目的设计总承包范围，并由项目设计单位就市政公用工程专项设计内容进行单独分包，而不建议设计单位自行实施，这是因为不少地区市政公用管理部门要求特定设计主体承担，但随着市场化改革的不断深入，这种情况将有所好转。

在施工总承包招标中，要结合市政公用工程实施时序及报装、方案咨询及市政设计等需要，以暂估价方式纳入施工总承包范围，并由施工总承包单位作为主体进行分包。对达到依法必须招标规模与标准的，还需开展招标。这种做法有利于调动施工总承包单位的积极性，也有利于市政公用工程与项目红线范围内小市政施工的顺利衔接。

案例启示：建设项目有关设计或施工总承包招标范围的约定，绝非仅针对项目建设内容边界表面化的界定，也不仅是解决项目计量、计价的问题。实质上，招标范围界定是对未来项目管理的谋划，旨在保障相关参建单位针对建设项目内容实施的有效衔接。对于房屋建筑工程项目，市政公用工程与建设项目接驳问题是普遍存在的，建设项目的勘察、设计、施工及监理招标应重点考虑。

## 案例48　招标范围应如何描述？

某大型房屋建筑工程项目，招标代理机构为招标人编制了设计、监理及施工总承包招标文件。招标人分别针对各类招标文件审核时发现：设计招标文件中有关设计招标范围的描述为："项目红线范围内所有设计内容"；监理招标文件中有关监理招标范围描述为："本项目施工总承包所对应的全部监理工作"；施工总承包招标文件中有关施工总承包招标范围的描述为："图纸范围内全部工程，详见工程量清单"。招标人对上述描述表示质疑，认为招标范围界定似乎不够详尽清晰，且可能存在内容遗漏。

### 案例问题

问题1：本案例中，设计、监理及施工总承包招标范围描述存在什么问题？

问题2：一般而言，招标范围应如何描述才更加科学？

### 案例解析

解析问题1：招标人对招标文件中关于招标范围的描述格外重视，体现出其能够站在项目管理视角审视缔约过程，认真审视招标文件内容尤其是招标范围描述的做法是明智的。实践中，招标文件中有关招标范围的描述对合同履约产生重要影响。显然，案例中招标代理机构提供的招标范围描述不完整，内容简单且不够明确，这不利于合同履约及项目管理工作开展。

实践中，施工招标文件常以"招标范围详见工程量清单"作为招标范围的表述。然而，过度依赖工程量清单进行招标范围描述，错误的工程量清单必将导致范围界定出现问题。采用图纸描述招标范围则依赖于设计成果的准确性，该方法优点是直观，但设计成果一方面与合约规划可能存在出入，另一方面项目设计进度也可能不能满足项目所需。简而言之，多种因素致使设计成果与所需描述的施工总承包招标范围可能存在差异。

解析问题2：一般而言，房屋建筑工程项目相对科学的设计和监理招标范围表述如下：

关于设计招标范围：(1) 在空间上，为项目红线范围内所有工程内容及红线周边、红线外随本项目同步实施的市政公用工程内容；(2) 在投资上，为项目经批准的初步设计概算范围包含的一切工程内容及其他各类投资方（如财政部门及社会资本方）另行投资的设施设备的安装或接用所对应的工程内容；(3) 在阶段上，包括项目设计必要的前置条件工作、方案设计、初步设计、施工图设计以及施工一体化设计、施工单位深化设计等阶段，以及其他设计人组织实施并纳入设计人总承包设计管理阶段；(4) 在深度上，设计成果应全面满足建设行政主管部门有关"建筑工程设计文件编制深度规定"的要求，符合工程量清单编制和最高投标限价文件编制的条件，能够交由施工承包组织施工。

关于监理招标范围：(1) 法律、法规规定的监理范围与服务内容；(2) 项目涉及各类市政公用工程的施工内容；(3) 为建设单位及项目管理咨询机构提供全过程管理的各类伴随服务内容；(4) 项目颁布的各类管理制度规定的工作内容；(5) 在建设单位及管理人安排下所实施的必要沟通、协调服务内容，如就设计与施工协作进行协调，组织各参建单位构建管理协同工作组等；(6) 服务时间阶段自签订合同之日起至工程缺陷服务期结束，包括开工前准备、竣工验收及缺陷责任期阶段监理；(7) 建设单位及管理人临时交办的其他事项等。

施工总承包招标范围包括自行施工、自行分包范围。其中自行施工范围是指由施工总承包单位自行施工内容的集合，自行分包范围则是指由施工总承包单位将自行施工内容分包给其他主体实施内容的集合，自行施工及自行分包范围均以分部分项工程量清单形式纳入投标报价。须指出，招标过程中应要求投标人将自行分包内容在投标文件中载明。

实践中，施工总承包单位存在自行分包内容调整变更的情形。自行分包内容原则上应与投标文件一致，其中调整内容应分别得到监理单位审批及建设单位确认。暂估价分包范围是指以暂估价形式纳入施工总承包范围后，由施工总承包单位分包内容的集合，其中包含暂估价材料设备以及专业工程类型。暂估价分包范围与施工总承包自行施工范围的界面划分是施工总承包范围确定的重点。此外，施工总承包范围还包括管理伴随服务和必要的配合服务。其中管理伴随服务是指对项目建设单位、项目管理咨询机构及监理单位管理所提供的必要协助与配合，本质上这是与各参建单位有效协同的内容。有关其他必要的配合服务是指对于项目未纳入施工总承包范围，但由于与施工总承包工作面产生交叉搭接或需其给予必要配合的工作等。

案例启示：建设项目招标范围界定十分重要，项目不同，招标范围界定也应存在差异。本案例解析所述仅针对一般房屋建筑工程项目招标范围的大致界定方法。工程人员应视具体项目情形进一步细化考虑，更重要的是要深刻领会招标范围内涵，充分发挥其调节各参建单位履约的能力，从而增强项目的管理成效。

## 案例49 如何把握施工总承包范围？

某大学校园新址建设项目，采用地源热泵设备供暖。当前，该项目已经完成初步设计，建设单位聘请了招标代理机构组织招标。但由于项目施工图设计尚未全部完成，为节约工期，建设单位考虑到一般地源热泵工程施工进展较快，于是决定先行启动地源热泵施工招标，并由其作为招标人独立进行发包，待未来施工总承包招标时，再将地源热泵工程纳入施工总承包的管理范围。

### 案例问题

问题1：地源热泵工程能否由建设单位发包并交由施工总承包管理？

问题2：关于建设工程内容纳入施工总承包范围，应秉承什么原则？

### 案例解析

解析问题1：地源热泵工程属于房屋建筑项目的小市政工程和供暖工程的组成部分，既包括室外工程部分也包括室内工程内容，属于《建筑工程施工质量验收统一标准》GB 50300—2013规定的“十大分部工程”类型。建设单位不应单独对该工程进行招标发包，也不得先于施工总承包单独组织施工。本案例中，建设单位存在支解发包的违法情形。实践中，地源热泵工程与房屋建筑项目内多个分部分项工程施工工作面交叉搭接，地源热泵工程一开始就应纳入施工总承包范围，而非由建设单位发包后再交由施工总承包单位管理。

解析问题2：出于科学管理的需要，建设单位发包时，应秉持以单位工程为单元，将此发包给一家施工总承包单位的原则。依据《建筑工程施工质量验收统一标准》GB 50300—2013中单位工程的认定规则，约10个分部工程组成一个单位工程，虽然室外工程作为单个单位工程，但由于其不能独立申请办理工程规划及施工许可手续，因此，项目有必要将地源热泵工程纳入施工总承包范围。

案例启示：出于科学管理考虑，应将房屋建筑工程项目内容尽可能纳入施工总承包范围，交由施工总承包单位实施，这有利于减少管理协调工作量。由建设单位发包的建设内容越少越好，这也是当前建设项目管理中有关合约规划的通行做法。只有在迫不得已的情况下，有关建设内容才可以由建设单位直接发包，但建议同样将此纳入施工总承包管理范围，并在施工总承包招标过程中就建设单位发包内容管理做出详细约定。

## 案例50　招标范围界定有技巧

某大型园林展会建设项目，内容包括园林、景观、水务、房屋建筑等专业工程等，该展会属综合城市基础设施建设项目。由于建设体量庞大，涉及专业多，招标时被划分为多类型、多合同段。鉴于该项目特点，招标人认为招标范围难以做出确切描述，体现在以下两个方面：一是各专业内容交叉，界面不清，例如就市政工程而言，喷灌系统末端属景观园林专业，而喷灌系统主干给水管网则属给水市政专业；二是该项目属当地重点建设项目，建设体量大，各专业设计成果不成熟，实施过程大概率会产生工程变更，上述问题均增加了项目招标范围的界定难度。

### 案例问题

问题1：施工招标范围界定的方法有哪些？各有什么利弊？

问题2：如果设计成果不稳定，对于新增工程变更不知如何归类的项目，施工总承包招标范围的界定有什么技巧？

### 案例解析

解析问题1：主编作者曾在《高质量工程招标指南》一书中对施工总承包招标范围界定、调整等问题做过详细论述。其中，有关施工总承包招标范围界定的方法主要包括清单描述法、图纸描述法以及合约规划法。实践中，清单描述法与图纸描述法较为常见，而合约规划法则相对更加科学。具体包括：

(1) 清单描述法。是指借助工程量清单编制成果对施工总承包招标范围进行描述的方法。设计成果作为工程量清单编制依据，理论上应覆盖所有施工内容。此外，工程量清单编制过程还应考虑施工过程中可能影响造价的各类因素。该方法能够充分体现工程计价思想，在深度上以分部分项工程作为描述单元，内容全面、范围清晰，达到对招标范围详细描述的要求。

(2) 图纸描述法。图纸描述法是以设计成果中施工图纸作为招标范围描述依据，必要时通过对施工图纸加以标示，达到表述施工总承包范围的目的。图纸描述范围依赖于设计成果的准确性，该方法优点是直观，但多种因素致使设计成果与所需描述的施工总承包招标范围存在一定差异。

(3) 合约规划法。合约规划法是在参照项目合约规划尤其是施工标段划分和分包基础上，考虑设计图纸及工程量清单成果后对招标范围描述的方法。合约规划可以理解为是对上述清单描述法及图纸描述法的修正，使得范围描述更加准确。通过合同关系方式描述招标范围，具有较强的界定弹性。鉴于对项目实施中围绕工程变更调整的前瞻性考虑，合约规划是对项目范围管理科学统筹的体现。由于合约规划法是以合约规划成果为基础，且考虑了过程、要素管理的影响因素，因此，相比前两种方法，招标范围界定更有利于工程计价。

解析问题2：招标阶段提出的招标范围具有一定的时效性，本质上属于范围规划。实践中，随着建筑功能变化、设计成果逐步完善，工程变更与洽商时常发生，导致规划招标范围与实际存在偏差，即招标范围仅在一定时间上相对准确，伴随施工合同履约范围不断深入，范围蔓延时有发生。为避免给工程变更管理带来阻碍，实践中并不提倡招标范围界定得绝对精准，换言之，应为后期履约及实施范围变更调整留有余地。招标范围描述可适当模糊，即按专业分类方式控制描述精度，必要时甚至仅做框架性描述即可，其深度达到分部分项精度更有利于后期对施工范围的调整。在施工总承包及专业分包中，工程变更可能导致项目内容在两类范围间调剂，因此，模糊的招标范围界面描述似乎更有利于工程变更控制，这称为“范围弹性”，工程内容在不同实施范围间调剂为工程计价与现场管理提供了便利。但工程招标范围调剂不应超出实施主体资质许可的承揽范围，不建议针对工程主体关键内容实施调剂。

案例启示：招标范围界定具有强大的管理效能，招标范围界定不仅需要有针对性地考虑项目当前面临的主要问题，更要前瞻性地对项目建设发展趋势做出预测。招标范围描述的科学性和准确性依赖于未来有关范围问题的及早研判。案例分析中提到的“范围弹性”理论是建设项目范围管理的核心问题之一，值得进一步深入探究。



## 7.2 延伸思考——打造高质量示范文本体系

所谓高质量招标文件示范文本体系（以下简称高质量示范文本体系）是指以行政主管部门发布的标准招标文件为基础，借鉴建设项目最佳实践，由专业管理咨询机构或招标代理机构编制形成的具有较强价值导向的参照性文本文件序列。高质量示范文本体系有效反映了工程招标在项目建设中的重要作用，其内涵十分丰富，反映出建设领域深化改革思想，诠释出建设管理基本规律和咨询服务价值，是以建设交易监管为主导、以科学建设管理为抓手、以咨询创新为驱动所产生的重要咨询服务成果，对推进高标准市场交易体系建设具有十分重要的意义。

1.招标文件示范文本体系建设依据

**（1）法律法规与标准规范体系**

现行工程建设法律法规、政策与标准规范体系以及行政监管具体要求均是高质量示范文本体系建设的依据。高质量示范文本体系作为建设市场交易的重要成果，集中反映出对公共利益的维护以及公开、透明市场建设的需要，是建设领域落实全面深化改革要求的具体举措。

**（2）建设项目管理策划体系**

高质量示范文本体系集中反映了建设单位管理利益诉求。一般而言，招标文件由招标代理机构编制，并经招标人确认后发放。在项目管理模式下，专业管理咨询机构代招标人实施必要审查。对于政府投资项目，项目管理咨询机构秉持“管理协同”思想和“三维管理”理念实施项目管理策划，集中、全面地体现出招标人管理诉求及项目建设需要，由此成为招标文件编制的基本依据。高质量示范文本体系建设要充分落实项目管理策划。

**（3）现代咨询企业治理体系**

专业管理咨询机构与招标代理机构是高质量示范文本体系的主体，反映了两种机构针对各自资源积累水平和发展特色，是打造各自核心竞争力的手段，展示出对招标人提供专业服务的能力。高质量示范文本体系是对咨询理论方法创新程度的衡量，因此，企业治理体系同样成为高质量示范文本体系建设的依据。

2.高质量示范文本体系建设导向

**（1）高质量示范文本体系建设导向本位**

招标文件示范文本体系可由行政主管部门、建设单位和招标代理机构各自独立建设。然而上述主体在体系建设方面的导向不同。行政主管部门以监管为导向，侧重指导建设竞争有序的市场环境，文本体系建设应以释放主体交易空间、激发交易潜能为目的；建设单位则紧密围绕项目建设目标实现，着力提升管理质量和效能；而招标代理机构则旨在实现高价值服务，谋求核心竞争力。这些各自独立的文本体系建设本位给高质量示范文本体系建设带来较大阻碍。

**（2）高质量示范文本体系建设逻辑**

高质量示范文本体系建设并非秉持各自本位，而要统筹兼顾各主体利益，以高质量发展能力建设逻辑为导向。即以行政主管部门标准文本或示范文本为基础，结合建设单位管理特征，着力体现项目管理咨询机构及招标代理机构的服务价值，形成具有鲜明特征的高质量服务成果。高质量示范文本体系要充分考虑建设单位对行政监管的有力支撑，以及招标代理机构对建设管理的有效协同。

3.示范文本体系建设的原则

有关高质量示范文本体系建设需秉持的若干原则详见表7。原则确立来自行政监管、建设管理及咨询服务三层面，以确保高质量示范文本体系功能更加全面、作用更加显著。

**高质量示范文本体系建设需秉持的若干原则一览表** **表7**

| 原则 | 详细说明 |
| --- | --- |
| 合法合规 | 招标文件示范文本内容应符合法律法规的规定 |
| 变革创新 | 成为深化改革特别是市场化改革的重要抓手，有效引导市场交易活动朝着改革目标迈进 |
| 科学管理 | 始终把握项目管理规律，构建面向合同约束力的项目治理体系 |
| 系统设计 | 抓住标的事项内在联系及与外部事务关联关系，从全过程项目管理出发设计 |
| 创新驱动 | 充分体现咨询理论方法创新。面向实践总结提炼，在技术、经济和商务方面不断优化 |
| 动态改进 | 应对改革发展变化、环境变化以及通过持续创新改进高质量示范文本体系 |

4.示范文本体系内在逻辑

**（1）行政监管主线**

行政监管主线是高质量示范文本体系建设的外在主线，为确保全面深化改革精神在建设交易中的充分贯彻，就必须通过文本体系固化交易监管要求。这一主线以发展规划为导向，为高质量示范文本体系建设提供方向指引，依托新型监管机制对高质量示范文本体系建设做出部署。此外，还通过监管保障体系建设和绩效评价机制为文本体系优化创造环境。

（2）**建设管理主线**

以建设单位管理为中心，各参建单位与之管理协同的管理体系构成了高质量示范文本体系建设的核心主线。将主体、事项和要素管理三维度具体要求纳入高质量示范文本体系。在通用内容确定上，将典型可复制做法植入文本，将各参建单位责权利细化，依托科学管理策划，全面构建具有合同约束力的管控体系。

（3）**技术经济主线**

招标文件核心内容之一是技术、经济要求，这是建设项目管理重要主线，使得项目内在技术与技术、经济与经济以及技术与经济要素间形成联系，并通过优化保障管理成效显现。通过技术与经济主线运作，使得三维度各管理领域衔接更加紧密、融合更加充分。

（4）**中标优选主线**

工程招标核心作用是建设项目管理关系构建。中标优选不仅是工程招标成效的诠释，更是高质量示范文本体系建设的目标。为此，高质量示范文本体系建设需重点关注投标响应，抓住竞争性本质特征，实现优选机制设计。将高质量示范文本体系建设转化为对投标人潜能的激发过程，通过投标过程确立针对项目各参建单位的管理约束力。

5.高质量示范文本体系建设步骤与主要问题

（1）**高质量示范文本体系建设步骤**

高质量示范文本体系是综合行政监管、建设管理及咨询服务各自导向所形成的具有综合功能的文本体系。高质量示范文本体系建设步骤比较明确：一是由行政主管部门针对某一专业领域颁布示范文本，将此作为高质量示范文本体系初始版本。作为监管保障体系的一部分，各类行政主管部门应根据自身行业需要发布行业领域招标文件示范文本。二是由建设单位从项目管理实际出发，将项目有针对性的、比较系统的具体管理做法融入初始版本，形成以建设管理为中心的文本体系，该步骤需由建设单位委托专业项目管理咨询机构完成，由此形成高质量示范文本体系基础版本。三是由招标代理机构从中介服务出发，在专业管理咨询机构协助下，将招标代理服务良好做法融入该版本，从而形成高质量示范文本体系的最终版本，该步骤需由建设单位委托招标代理机构完成或由招标代理机构根据自身业务实践积累形成。

**（2）高质量示范文本体系建设主要问题**

高质量示范文本体系的建设步骤虽然简单，但实际建设过程却比较复杂，且依赖于一定的条件，例如要考虑行政主管部门颁布的招标文件示范文本体系是否完备。当前，大部分领域尚未推出招标文件示范文本。例如，专业项目管理咨询机构与招标代理机构就建设示范文本体系是否能够开展良好合作，且能够妥善解决好著作权保护问题。再例如，是否能够定期对高质量示范文本体系应用效果做出评价，以验证体系的适用性，形成文本体系优化机制等。此外，还包括如何遴选典型项目文件蓝本，如何总结提炼编审做法，以及如何规划示范文本体系价值内容等。

高质量示范文本体系建设是工程招标领域改革探索的一个重要组成部分，是咨询理论方法创新的具体突破口，更是工程建设高质量发展能力建设的缩影。高质量示范文本体系建设使得改革不断引向深入，行政监管成效逐步显现，建设管理目标顺利实现，咨询服务转型进程得以有效推动。高质量示范文本体系构建了行政监管、建设管理及咨询服务三者的有机联系，也为打造建设领域高标准市场体系描绘出清晰的路径。

# 第8章　高质量工程招标重点难点

## 导读

在建设项目工程招标组织与管理中，会遇到很多关键问题。问题之所以关键，是因为对招标活动乃至建设项目管理全局产生了致命影响，如招标管理机制设计、评标方法设计、招标人评标代表拟派、多标段定标等问题。

需指出，关键问题的处理因项目而异，由于问题的复杂性，且随着项目环境条件不断变化，本章案例针对问题处置的思路仅是抛砖引玉，也许未能反映全貌或处置方式方法不够高明，但无论如何，答案绝非唯一，希望能给读者带来启示，或激发探索工程招标的兴趣。

本章共有15个案例，聚焦建设管理视角，围绕招标管理策划展开，重点探讨建设项目招标组织与管理的重点难点。对诸如暂估价招标组织、多标段招标组织、评标代表拟派、项目调整与变更招标等案例做出详细解析。此外，本章还基于三维管理理念对工程招标质量管理做出延伸思考，旨在加深读者对工程招标质量的认识，以便依托于工程招标更好地满足建设管理利益诉求。

工程招标质量很大程度上决定着建设项目质量，提升工程招标质量，在微观层面需要立足本章所述关键问题。当然，伴随工程招标高质量发展，更多、更难的问题也将暴露出来，读者要注重把握问题演进规律和基本处置方法，从而实现以不变应万变的效果。

# 8.1 案例解析

## 8.1.1 暂估价招标组织过程

### 案例51 暂估价内容应如何设置？

某大型公立医院建设项目，投资来源为政府全额固定资产投资。建设单位（医院方）委托了招标代理机构及专业项目管理咨询机构分别代其组织招标及开展项目管理。目前，项目施工图设计已基本完成，设计单位向建设单位提交了施工总承包招标所需的全部设计成果。由于工期紧迫，建设单位希望抓紧完成施工总承包招标，并尽快启动项目土方及边坡支护工程的施工。招标代理机构具有造价咨询能力，同时承担了本项目工程量清单及最高投标限价编制工作。

在施工招标阶段，招标代理机构以建设单位提供设计成果不完善为由，安排了大量暂估价内容。项目管理咨询机构在审查招标文件及工程量清单时发现这一问题，并就此与招标代理机构沟通，希望尽量减少暂估价内容设置，同时指出：过多设置依法必须招标的暂估价内容将给未来施工总承包单位分包管理带来负担，影响项目工期。但招标代理机构再次以图纸不完善为由拒绝按照项目管理咨询机构要求减少暂估价内容设置。无奈之下，项目管理咨询机构会同建设单位又与设计单位沟通，希望其能尽快完善并提交暂估价内容对应的设计成果。考虑到施工招标在即，建设单位要求招标代理机构务必将部分拟设置的暂估价内容转化为模拟分部分项工程量清单。

#### 案例问题

问题1：本案例中，以建设单位为代表的各参建单位各自的做法存在什么问题？

问题2：针对复杂公共建设项目特别是医院建设项目，应如何设置暂估价内容？

#### 案例解析

解析问题1：建设单位在缺乏建设管理经验下，盲目启动施工总承包招标，一味追求项目实施进度，迫使招标代理机构采取不合理方法编制工程量清单，为后期项目实施尤其是造价管控埋下隐患。招标代理机构并未事前提示建设单位，而是被动地根据未经完善的设计成果编制工程量清单及最高投标限价文件，导致被迫设置了大量暂估价内容。总体来看，招标代理机构缺乏对建设单位及项目管理咨询机构的有效配合是主要问题，显然项目管理咨询机构应对当前后果负主要管理责任。设计成果的大量缺漏是导致暂估价内容被迫设置的主要原因，这说明项目管理咨询机构未对设计单位管理发力。另外，项目管理咨询机构未能在招标前向招标代理机构提出明确的管理要求，项目招标管理策划不彻底，暂估价内容也缺乏科学规划，这足以证明项目管理咨询机构的能力不足。

解析问题2：暂估价内容设置应首要以便于项目管理为原则，服从于项目管理的总体部署。从宏观上看，合约规划旨在化解或转移合同风险、提升管理效率，为创造良好管理局面奠定基础。从微观上看，这项工作重在确立各参建单位协作关系，招标管理以服从项目管理策划及合约规划为原则。在施工招标中，有关招标管理要求落实制约着暂估价设置。一般而言，与使用功能密切相关的专业工程设置为暂估价内容，具体到该医院项目，则是所有医疗专项内容。

案例启示：建设项目暂估价内容的设置问题是合约规划中的重点，同时也是难点。由于暂估价内容的特殊性，实践中，影响暂估价设置的因素非常多，暂估价内容的不合理设置给项目实施带来巨大的负面影响，主编作者曾在《高质量工程招标指南》一书中专门就此做过详细探讨。总体而言，对于暂估价内容的谋划，必须结合项目设计和管理需求综合做出考虑。

## 案例52　暂估价工程能合并招标吗？

某大型政府投资医院建设项目，建设体量庞大，建设单位决定将其划分为两个施工总承包合同段实施。作为复杂项目，医院专业工程内容类型多样，建设单位出于对医疗专项等设计成果尚不成熟的考虑，在施工总承包范围内安排了大量暂估价内容，且两个施工总承包合同段范围内的暂估价内容基本一致。考虑到暂估价内容作为专项工程系统性强，为保证项目实施效率，建设单位要求两家施工总承包单位将同一类专业工程内容分包给同一家专业承包单位实施。

针对建设单位这一要求，招标代理机构和项目管理咨询机构出现分歧。招标代理机构认为：既然项目划分为两个施工总承包合同段，应分别由两家单位单独开展暂估价招标，当然这也意味着未来两个施工总承包合同段暂估价工程的承包单位大概率为不同的单位。项目管理咨询机构则认为：既然两个施工总承包合同段内暂估价内容一致，为保持两个施工总承包合同段施工的连贯性，应由两家施工总承包单位组成联合招标人，将两个施工总承包合同段暂估价内容合并后联合招标，这样能确保未来两个施工总承包合同段暂估价工程必然由同一家中标单位实施，从而有利于医疗专项工程实施的系统性和连贯性。

## 案例问题

问题1：本案例中，项目管理咨询机构的看法是否合理？

问题2：该项目暂估价工程招标应如何组织？

## 案例解析

解析问题1：本案例中，项目管理咨询机构的看法相对合理，有必要按照项目管理咨询机构的建议实施。只有采用面向两家施工总承包单位针对同类暂估价内容联合分包的方式，才能实现建设单位管理诉求，即两家施工总承包单位组成联合招标人，就同一暂估价内容实施联合招标。

解析问题2：为实现两家施工总承包单位就同一暂估价内容联合招标，有必要在项目施工总承包招标阶段就对未来中标的施工总承包单位做出详细的管理安排。一方面，项目在合约规划过程中要针对可能包含的全部暂估价内容进行梳理，对同时纳入两个施工总承包范围的同类内容进行同步招标。在施工总承包招标文件中向未来两个施工总承包合同段中标单位做出说明，并就有关联合招标管理要求进行详细约定。另一方面，在施工总承包合同条款中，还应附带联合招标协议，联合招标协议务必对联合招标程序及招标阶段成果文件报审流程等做出约定。其中，有关联合招标程序及招标阶段成果文件报审流程如下：

第一步：第一合同段施工总承包单位作为牵头人，并联合第二合同段施工总承包单位组成联合招标人（或称为招标人联合体）共同委托招标代理机构。

第二步：牵头人会同联合招标成员，针对各合同段所有依法必须招标的工程内容联合编制招标方案。

第三步：受托招标代理机构针对具体招标事项编制招标过程文件，如招标实施方案、资格预审文件、招标文件等。招标人牵头人会同联合招标成员对各类具体招标过程文件进行审查，提出审查意见并优化调整文件。

第四步：牵头人会同联合招标成员将总体招标方案及经自身审查修改优化后的各类招标过程文件报送监理单位审查。

第五步：牵头人会同联合招标成员将附有监理单位审核意见并优化后的招标过程文件同时报送建设单位（项目管理咨询机构）审查。

第六步：牵头人会同联合招标成员针对建设单位（项目管理咨询机构）、监理单位的审查意见进行协商，按照最终取得一致的审查意见优化招标过程文件。

案例启示：在特殊情况下，针对暂估价内容不得不实施联合招标的情形，凸显出建设项目暂估价管理的复杂性，这为大型建设项目暂估价招标提出了更高的要求，暂估价招标管理确为建设项目商务管理的关键问题。实践中，鉴于暂估价内容的丰富性及与使用功能密切相关性，其往往成为项目建设晚期才能确定的工程内容，对应设计成果也形成较晚。该类内容在施工总承包范围内，不同专业内容之间的拆分与合并具有灵活性，尤其是与施工总承包单位自行实施的范围普遍存在搭接情形，界面划分比较复杂。该案例表明，针对建设项目专业设计管理是非常重要的，相关设计成果的准确性及稳定性无不成为确保高效推进暂估价招标的重要前提。

## 案例53　暂估价工程应如何招标？

某房屋建筑工程项目，建设单位在施工总承包招标中安排了一定数量的暂估价工程。在完成施工总承包及监理招标后，施工总承包单位陆续启动了暂估价工程招标。施工总承包单位作为暂估价工程的招标人，未经建设单位知晓就自行委托了招标代理机构。在组织本项目暂估价工程招标中，其编制的招标文件也从未获得建设单位确认。纵观项目暂估价工程招标，施工总承包单位均未落实建设单位相关项目管理要求。该项目监理单位也拒绝就施工总承包单位组织的暂估价工程招标进行监理。不仅如此，施工总承包单位还多次致函建设单位，要求尽快下发暂估价工程招标所需设计成果，并以未及时提供设计成果为由，就由此导致的工期延误提出索赔。可以说，施工总承包单位在项目暂估价工程招标中占据了“主动地位”，自始至终，建设单位针对暂估价工程招标的管理表现得十分被动。

### 案例问题

问题1：建设单位是否有必要会同监理单位强化本项目暂估价招标管理？

问题2：如何高质量组织开展建设项目暂估价工程招标活动？

### 案例解析

解析问题1：施工总承包单位组织的暂估价工程招标是建设项目最重要的分包活动之一。根据我国现行法律法规的规定，建设单位有义务也有权利参与其中，并对其进行管理。项目暂估价工程多为专业工程及相关的材料与设备，其分包实施对项目总体质量、进度、造价等管理影响很大。监理单位有义务、有责任对建设项目暂估价工程的分包进行监理。

解析问题2：为高质量开展建设项目暂估价工程招标活动，建设单位应聘请专业项目管理咨询机构对暂估价工程招标实施科学管理，内容包括：从项目层面设计并颁布暂估价工程招标管理制度；就暂估价工程招标向施工总承包单位和监理单位做出管理部署；在施工总承包单位委托招标代理机构时，对于委托全过程予以监督；组织暂估价工程招标管理方案的编制；审阅施工总承包单位提交的暂估价工程招标实施方案；组织设计单位尽快完善暂估价工程对应的设计成果，就有关专项内容组织技术论证；按照管理制度要求履行各类管理流程；组织各相关参建单位共同组成暂估价工程招标管理工作组，定期召开协调例会，研商有关问题等。

案例启示：高质量推进暂估价工程招标需要参建各方共同努力。虽然纳入施工总承包范围的暂估价工程内容的招标人是施工总承包单位，但能够将暂估价工程招标活动统筹管理好的主体却是建设单位。这是因为暂估价工程分包关乎建设项目管理各个方面，对建设项目实施产生全方位影响。为此，建设单位必须针对暂估价工程做出科学的合约规划，对暂估价招标管理应在施工总承包单位产生过程中就要提早谋划并做好部署。

## 案例54　暂估价工程招标需要共同努力

某大型政府投资建设项目，建设单位委托了项目管理咨询机构代其开展项目管理。由于项目专业工程类型多且复杂程度高，该项目安排了数量较多的暂估价工程。项目进入施工阶段后，项目暂估价工程招标进展十分缓慢，施工总承包单位认为造成缓慢的原因是建设单位未及时提供用于暂估价工程招标所需的施工图设计成果，而建设单位却认为是因为施工总承包单位缺乏强有力的分包管理能力，疏于暂估价工招标管理所致，建设单位还指责监理单位对暂估价工程招标管理不上心，未能有效履行监理义务。

项目管理咨询机构认为：暂估价工程招标极具复杂性，招标推进需各方共同努力，尤其是招标前需做大量准备，只有在成熟条件下才能高效推进。于是，项目管理咨询机构组织各方就推进暂估价工程招标召开协调会议，会议研究了招标所需前置条件，重新部署了招标管理方案，颁布了暂估价工程招标管理制度，还对包括建设单位在内的所有参建单位针对暂估价工程招标组织分工及管理职责进行明确。

## 案例问题

问题1：建设项目暂估价工程招标顺利推进的基本管理思路是什么？

问题2：建设项目暂估价工程招标所需的必要前置条件有哪些？

## 案例解析

解析问题1：本案例中，针对暂估价工程招标组织和管理，项目管理咨询机构的观点是比较全面的，可以说，其主张就是暂估价工程招标高效推进的总体思路。暂估价工程招标顺利推进依赖于科学的管理部署，依托于充分而成熟的前置条件。

解析问题2：暂估价工程招标所需前置条件是多方面的，包括设计方面的技术条件、建设手续方面的行政许可条件以及以合约规划为代表的商务条件等。总体而言，相比施工总承包招标，暂估价工程招标所需的必要前置条件更为严苛，这是由暂估价工程内容复杂性所决定的。

案例启示：在具备比较成熟的条件下，暂估价工程招标的成败取决于建设单位从项目整体层面的组织管理能力，即是否能够积极调动各参建单位的主观能动性、规范管理过程、按管理方案实施均十分关键。由于参建单位众多，且暂估价工程招标又涉及各方利益，有效消除管理对抗性，构建以建设单位为中心、各参建单位与之保持有效协同的局面至关重要，这始终是建设单位针对暂估价工程招标科学管理的方向。

## 案例55　暂估价工程联合招标——早思谋，不“扯皮”

某大型复杂公共建设项目，分为两个施工总承包合同段实施，其中第一合同段建设体量较大，第二合同段建设体量较小，两个施工合同段设置了类型相同的暂估价工程内容。

在项目建设伊始，建设单位与施工总承包单位经常因暂估价工程招标事宜“推诿扯皮”。后来，建设单位委托项目管理咨询机构开展专业项目管理。项目管理咨询机构指出：针对暂估价工程招标应提早进行管理部署，在项目前期组织开展施工总承包招标时，就应在招标文件中对暂估价工程招标提出具体要求，并认为两家施工总承包单位应组成联合招标人，对两个施工总承包合同段暂估价工程实施联合招标。项目管理咨询机构还建议：联合招标人组成应以联合招标协议签订为前提，同时须明确其中一家施工总承包单位为联合招标人牵头人。

后期，在项目管理咨询机构组织下，两个合同段施工总承包单位共同组成了联合招标人，按照建设单位与施工总承包合同约定顺利开展了各项暂估价工程招标活动，项目也再未出现“推诿扯皮”现象。

### 案例问题

问题1：暂估价工程联合招标牵头人应该由施工总承包哪方担任更合理？

问题2：大型复杂公共建设项目推行暂估价工程联合招标有什么好处？

### 案例解析

解析问题1：联合招标应该由标段标的建设体量较大的一方作为联合招标牵头人。这是因为体量较大合同段所对应的暂估价工程内容多，施工组织难度大，暂估价工程分包责任也相对较大。更重要的是，建设体量较大合同段其建设进度管理往往难度更大。联合招标牵头过程将在一定程度上平衡建设项目的整体进度。当然，也必然要求牵头人要承担一定的管理压力。

解析问题2：暂估价工程联合招标将提升项目整体分包效率，使项目整体计量、计价体系得以统一，满足了专业工程系统性要求，也使得两个施工总承包合同段中各暂估价工程内容实施得到良好衔接，有效提升了建设管理品质。此外，联合招标也缩减了管理协调工作量，增强了施工总承包单位间及与建设单位的管理协同效果。

案例启示：实施联合招标模式关键是针对多合同段统筹设置类型相同的暂估价工程内容，应将联合招标协议纳入施工总承包合同条款，细化招标人间联合招标的要求。实践中，要想顺利推进联合招标，就要组织处理好建设单位与施工总承包联合招标人的关系问题，努力消除联合招标人各方意见的不一致性，并使得对于联合招标人的管理始终统一在建设单位管理下。建设单位通过"分包确认"方式，确保对联合招标人实施有效管理，保证联合招标人与建设单位管理始终高效协同。不仅如此，还要组织开展好暂估价工程招标各项准备工作，特别是针对项目设计及造价的管控，确保暂估价工程联合招标具备比较成熟的前置条件，由此才能提升招标质量。为做好上述工作，建设单位还需要针对联合招标制定一系列管理制度，包括签章流程、文件报审及例会研商制度等。此外，还要处理有关联合招标条件下招标人评标代表拟派等一系列问题。

### 8.1.2 多标段招标组织过程

## 案例56 多标段招标把握关键内容

某大型政府投资建设项目，由于建设体量庞大，经研究决定分两个合同段实施。由于建设内容复杂，两个合同段建设体量不能做到完全一致，其中第一合同段建设体量大，而第二合同段建设体量小。

鉴于项目工期紧迫，两个合同段的施工总承包招标同步启动，并限定一家投标人只能中标一个合同段。但由于两个合同段在招标程序执行上高度同步，所以评标结束后，投标人A凭借过硬的实力同时成为两个合同段的第一中标候选人。当招标代理机构将两个合同段评标结果报送给建设单位时，建设单位却在中标结果公示问题上陷入"两难"境地：即先公示规模较小合同段的中标结果，再公示规模较大合同段的中标结果，则会造成投标人A在领取中标通知书后，放弃规模较小合同段中标资格；若先公示较大建设规模合同段的中标结果，那么投标人A可能在未领取中标通知书时就大概率放弃较小规模合同段中标资格。

### 案例问题

问题：结合案例情形，组织多标段招标项目的定标重点应注意什么？

### 案例解析

解析问题：案例表明，多标段招标项目定标难度是比较大的，这是由多方面原因引起的，根本原因是标段划分非均匀性导致各标段投标竞争性差异。这种非均匀性越明显，市场环境越严酷，则投标竞争差异性就越大。在限制中标标段数量的情况下，投标人选择性地投标或策略性地放弃中标资格，干扰了多标段招标组织，提升了定标难度。为此，多标段招标项目重点应做好合约规划，特别是要尽可能均匀地划分标段，减少各标段的投标竞争差异。如果时间允许，尽可能争取足够时间逐个招标。对确需同步招标的，则应至少保证开标、评标与定标错开时间，切忌同步公示中标候选人。

案例启示：在多标段招标前，应对市场环境有一定了解，特别是市场竞争程度和投标人参与投标的经验和能力。对于竞争比较惨烈且投标人投标经验丰富的市场环境，其往往出现策略性争取投标利益最大化的情形。招标人及其委托的招标代理机构应在招标文件中明确细化定标规则，采取诸如投标担保机制遏制不良投标行为，就投标人的缔约过失给招标人造成的损失进行补偿。当然，有关投标担保金额确定问题值得进一步深入探究。

## 案例57　多标段招标很容易“乱”

某大型城市道路两侧户外公告点位特许经营权招标出让项目，两条道路两侧共涉及10余个户外广告点位，分两批次组织招标，且每条道路每个点位划分为一个标段。由于道路所处区位差异，各标段竞争程度有所不同，凡优质点位标段竞争比较激烈。该项目潜在投标人为投标能力参差不齐的广告传媒服务商。由于时间紧迫，招标人将项目划分为两个批次并同步组织招标。招标公告要求当同一投标人具备两个及以上标段中标资格时，仅限定最多中标两个标段。招标过程中，由于报名的潜在投标人数量有限，各标段报名数量严重不均匀。投标人根据招标文件要求，均按时提交了每标段5万元的投标保证金。两个批次招标活动的评标结果显示：除少量标段未产生中标候选人外，多个标段为少数几家实力较强的投标人被评为第一中标候选人，其中投标人A获取的第一中标候选人资格数量最多，投标人B次之。投标人A为获取最优质标段的中标资格，在建设单位向其发出中标通知书时，其提交了放弃部分非意向标段的中标资格函件。而已经领取某标段中标通知书的投标人B，见投标人A放弃了某些标段的中标资格，发现这些标段比其已领取的标段要更加优质，其作为上述标段的第二中标候选人，便希望获得被投标人A放弃标段的中标资格，于是向招标人致函放弃其已取得第一中标候选人标段的中标资格。上述情形一度循环，导致该项目定标工作异常混乱。为有效遏制投标人策略性放弃中标资格的行为，招标人启动了投标保证金扣除机制。最终，该项目艰难组织完成了所有标段的定标及中标工作，扣除了10家投标人涉及10余标段的投标保证金共计200万元。

## 案例问题

问题：一般而言，组织多标段招标应注意哪些事项？

## 案例解析

解析问题：在多标段招标过程中，投标人参与各标段的投标是自愿的。但投标人最终能够中标标段的总体规模和数量应与投标人实际能力相匹配，因此，招标人有必要对中标标段数量进行限制。然而，多标段招标条件下，由于各标段差异的存在，均衡各标段投标竞争性是比较困难的。为避免案例中定标混乱情形的发生，有必要针对多标段招标项目明确定标规则并注意如下事项：(1) 多标段招标应将定标规则尽可能清晰、详细地写入招标文件；(2) 错开时间，避免同时开展招标活动；(3) 尽量将标段划分均匀，尤其避免标段标的竞争性差异；(4) 当各标段确实无法做到均衡划分时，应先组织竞争性较强标段的开标、评标及定标工作。

案例启示：多标段招标条件下，投标担保机制对遏制投标人策略性放弃中标资格及其不良行为干扰招标方面发挥了重要作用，应根据标段竞争性差异化设置投标担保。对于竞争性强的标段，应适当提高投标担保金额，且金额设置应与招标活动组织中可能给招标人造成的损失相匹配，具体金额需根据招标组织难度和可能遇到的风险确定。有关如何采用投标担保机制保障平稳、高效地组织招标活动值得深入探究，这也是改进现行招标投标交易机制的一个重要突破口。

## 案例58　合同段划分“有讲究”

某新建大型污水处理厂建设项目，资金来源为政府全额固定资产投资，总投资规模约6亿元。建设内容包括：污水处理厂各类房屋建筑工程、污水处理管线工程和相关处理设备等。其中，厂区内房屋建筑工程主要是用于开展污水处理作业的办公管理用房，对应投资约3亿元。在该项目招标实施方案研讨例会中，招标代理机构建议项目分两个施工总承包合同段组织施工。其中，将办公管理用房划入房屋建筑施工总承包合同段，污水处理管线工程及相关处理设备等划入市政公用工程施工总承包合同段。

建设单位委托的项目管理咨询机构则建议由同时具备房屋建筑和市政公用工程施工总承包资质的单位组织施工，项目接受联合体投标，并认为这有利于同一项目不同类型施工过程的有效衔接，降低了建设管理难度。

### 案例问题

问题1：招标代理机构和项目管理咨询机构，谁提出的方案更合理？

问题2：对涉及多专业领域建设项目，如何科学划分施工合同段？

### 案例解析

解析问题1：项目管理咨询机构所提方案更合理。这是因为污水处理厂涉及的有关房屋建筑及管线工程关联性强。污水处理工艺决定了处理厂建筑结构与管线工程、处理设备工艺衔接关系，若分成两个独立的施工合同段实施，则在施工衔接上难以确保污水处理工艺的连贯性和管理便利性，将增加建设管理难度。

解析问题2：对于同时涉及多专业领域的建设项目，应视具体情况划分合同段并审慎确定招标范围。针对本案例类似项目，在明确建设项目总建设规模条件下，应首先分析各建设内容在项目总建设体量中的占比，尤其是投资占比，原则上可将占比大于60%的工程作为主专业考虑，其余专业作为附属专业。当项目各专业体量占比相当时，则应考虑接受联合体投标，或根据专业关联程度按类型划分多合同段。当某些专业涉及施工内容关联性较弱时，则可划分多平行独立合同段实施。但本案例中建设内容关联性较强，则不宜划分多合同段。

案例启示：传统的招标代理服务围绕招标缔约环节难以考虑履约管理与项目后期实施的科学性与便利性，仅从尽快完成招标代理服务本身出发，出于利益本位考虑，合同段划分往往聚焦于如何确保服务利润的最大化，只顾快速履行招标程序而枉顾建设管理利益。项目管理咨询机构受建设单位委托，就要对这种利益本位造成的管理对抗做出甄别。针对建设项目合约规划的方法值得进一步改进，以适用于更加复杂多变的项目管理策划过程，工程人员应针对不同类型项目及不同情形有针对性地开展合约规划。

## 案例追问

追问1：面对同样具有很强关联性的大型医院建设项目，应如何划分合同段？

追问2：大型复杂建设项目合约规划的常用做法是什么？

## 追问答案

解析追问1：大型医院建设不同于一般公共服务类项目，建筑红线内往往具有多个单体建筑，各单体间通过医疗功能密切关联。由于项目建设整体性要求高，通常划分为一个设计或施工总承包合同段实施，以避免合同段界面划分过于复杂，以降低向多家单位同步协调带来的管理强度和难度。

解析追问2：大型复杂建设项目划分为单一合同段是比较常用的做法。虽然建设体量大，但由一个施工总承包单位组织实施并不影响施工进度。划分多合同段将使得施工界面复杂化，管理协调工作量加大。但单一施工总承包单位施工时，考虑到进度和质量管理的需要，可采用设置“多项目部”的方式并行组织施工，这有利于提升施工效率。

### 8.1.3 评标代表选派与作用

## 案例59 建设单位VS代建单位，由谁选派评标代表？

某公立学校教学楼建设项目采用施工阶段代建模式。项目前期，建设单位即学校方已办理完成各类建设手续。同时，建设单位作为项目立项主体，发展改革部门核准其为建设项目招标人，并核准项目勘察、设计、监理及施工总承包为公开招标方式。

项目初步设计概算审批后，建设单位与代建单位签订了委托代建协议。考虑到施工总承包招标在即，建设单位要求代建单位拟派评标代表，代其行使建设单位评标权利，而其自身则不再拟派评标代表。代建单位多次向建设单位表示：发展改革部门核准建设单位为招标人，自己并非招标人，故无法拟派评标代表，但建设单位却执意要求代建单位拟派评标代表。

### 案例问题

问题1：代建单位拒绝拟派评标代表的主张是否合理？

问题2：在代建模式下，招标人身份角色不能转移至代建单位。那么在建设单位拟派评标代表的前提下，代建单位在评标环节应如何履行代建义务？

### 案例解析

解析问题1：代建单位的主张是合理的。项目立项主体是建设单位，既然发展改革部门核准建设单位为招标人，那么建设单位就应当依法履行项目招标的全部法律义务。当前，以《招标投标法》为首的法律体系尚未明确代建单位的法律角色。代建模式仅作为建设项目管理模式，而非强制性建设制度安排，代建单位不具备以建设单位角色行使招标法定责权利的可能，当然也包括拟派评标代表。

解析问题2：招标人身份不能转移至代建单位，建设单位应依法执行法定招标程序，承担招标人责任，履行招标人法定义务。不同的是，建设单位可依托代建单位在其组织招标活动中依法对招标各环节实施管理，如：要求代建单位对招标过程文件审查把关；就招标决策事项向代建单位征询意见；或要求代建单位在其组织招标活动中予以配合；在中标后，由代建单位代其履行部分合同义务等，前提是代建单位已作为第三方，在各参建单位的招标合同中指向性地对代建设单位应履行建设单位的义务做出过明确约定。本案例中，项目评标开始前，代建单位可就评标技能给予招标人评标代表专业性指导。评标结束后，在保密前提下，也可代招标人审核评标报告，并提出意见建议，从而为招标人更好地开展评标结果确认提供支撑。

案例启示：以《招标投标法》为首的法律体系未能考虑有关招标人角色转换的问题，是出于与《中华人民共和国民法典》中相关法律内容衔接的考虑，这也是突出建设单位或项目法人在项目建设中承担主体责任的安排。依法合规组织开展招标活动是工程人员应坚守的底线。

## 案例60　招标人评标代表应如何选派？

某大型复杂工艺厂房建设项目，资金来源为政府全额投资，采用代建模式实施。建设单位是使用单位，代建单位是专业的项目管理咨询机构。项目分两个施工总承包合同段实施，其中，第一合同段建设体量大，第二合同段体量较小。两个合同段安排了相同类型的暂估价工程内容，并采用联合招标方式，且由第一合同段施工总承包单位担任联合招标牵头人。在某暂估价工程招标过程中，建设单位、代建单位、各合同段施工总承包单位在评标代表拟派问题上产生了分歧。

建设单位认为：自己作为使用单位和项目法人，有拟派评标代表的权利。

代建单位认为：自己是建设管理实际主体，也有拟派评标代表的权利。

第一合同段施工总承包单位认为：自己是真正的招标人且是联合招标牵头人，且自身建设体量较大，应具有比第二合同段拟派数量更多评标代表的权利。同时，认为建设单位及代建单位并非真正的招标人，故不应具有拟派评标代表的权利。

最终，建设单位对项目暂估价工程招标提出了评标代表综合拟派方案，并书面致函各参建单位“强硬”要求各单位务必执行。该综合拟派方案的具体内容为：各参建单位均只能拟派1名招标人评标代表，即共计4名招标人评标代表，并再从评标专家库中随机抽取5名社会专家，最终形成“5+4”的评标委员会人员组成方案。

## 案例问题

问题1：各参建单位针对拟派评标代表的分歧，谁的意见更合理？

问题2：建设单位提出的项目暂估价工程招标评标代表综合拟派方案是否合理？

问题3：建设单位向各参建单位“强硬”致函规定拟派评标代表数量是否合法？

## 案例解析

解析问题1：本案例中，关于拟派评标代表的分歧，各单位所持意见均具有本位色彩，未站在项目整体实施角度考虑问题，各自意见均不合理。暂估价工程内容是在建设单位开展施工总承包招标时，以非竞争性方式纳入工程量清单，并由施工总承包范围分包的内容。不同于施工总承包单位自行施工内容，这部分内容应给予建设单位更多的分包参与权。针对依法必须招标的暂估价工程内容，建设单位虽然并非暂估价工程内容的真正招标人，但实践中，往往允许其就该部分内容招标拟派评标代表。

解析问题2：建设单位“强硬”提出的综合拟派方案是不合理的。在施工总承包单位组织的暂估价工程招标中，建设单位虽具有拟派评标代表的权利，但由于项目采用代建模式，有必要就拟派问题先行与代建单位协商。合理做法是：对未来与项目使用功能密切相关的暂估价工程内容由建设单位拟派评标代表，而针对涉及建筑基本功能的暂估价工程内容评标可由代建单位拟派评标代表。即使两个施工总承包合同段建设体量不等，但拟派评标代表的数量也应尽量保持一致。本案例可形成“6+3”的方案，其中6名是随机抽取的社会专家，剩余3名中的1名是建设单位或代建单位评标代表，其余2名是施工总承包单位的评标代表。

解析问题3：建设单位致函各参建单位“强制”要求各方按其要求拟派评标代表的做法是不合法的。在暂估价工程招标活动中，施工总承包单位是招标人，有关招标人拟派评标代表的方案应由施工总承包单位提出，建设单位仅具有对过程文件及施工总承包单位分包的确认权。综合拟派方案可由各方充分协商，但最终拟派方案应首先由施工总承包单位提出，并经建设单位最终确认后实施。

案例启示：纳入施工总承包范围的暂估价工程招标活动的评标与建设单位管理下的施工总承包招标有所不同。建设单位和代建单位均有暂估价工程招标拟派评标代表的权利，当然，这一拟派导向与建设单位管理下的招标活动评标代表拟派完全不同，而是出于建设管理需要，旨在加强对施工总承包单位分包监管的需要。当然，以《招标投标法》为首的法律体系有必要对纳入施工总承包范围的暂估价工程招标拟派评标代表问题进一步做出明确规定。

## 案例61　招标人评标代表作用何在?

某中央企业长期组织开展重大工程项目建设，其所属基建部门负责具体实施项目的管理。由于常年建设任务比较繁重，在各类项目评标环节，该基建部门都有拟派招标人评标代表的诉求。该中央企业基建部门负责人认为：现行法律法规对社会专家的管理是比较规范的，而对招标人拟派评标代表的管理则缺乏规制。于是，希望通过针对招标人评标代表实施科学管理，提升招标人代表的评标能力，以降低招标组织风险。但该负责人却对如何规范评标代表产生，以及相比社会评标专家，招标人评标代表应具备哪些能力并不清楚。

### 案例问题

问题1：招标人评标代表应具备什么能力?

问题2：招标人评标代表在评审中应该发挥什么作用?

### 案例解析

解析问题1：主编作者曾在《高质量工程招标指南》一书指出：招标人评标代表相比社会专家，其能力要求应更高。在法定能力方面，其个人职称、评标业绩等均应符合法定要求。在实际评标能力方面：(1) 应对项目情况、招标人利益、项目管理要求有充分了解；(2) 对招标文件条款有深刻认识；(3) 具有项目全过程管理能力，对项目管理体系、建设目标及管理要求领会深刻；(4) 在评标过程中对涉及招标人利益诉求问题具有敏感性和决策力，以及快速应变及处置突发事件的能力；（5）具有良好逻辑思维和表达能力，能够按照评标要求与其他评标专家开展必要的交流；（6）具有丰富的法律知识，有能力指出评标委员会在评标过程中违法、违规或不当行为；（7）具有正直品格和职业道德，不谋取私利，不出现违法违规情形等。

解析问题2：招标人评标代表作用主要包括：（1）增强招标人合理诉求在评标过程中实现的可能性。作为评标委员会成员，增强评标委员会整体对项目及招标文件的认知；（2）加深招标人对评标情况的掌握，全面参与评标过程，获知评标动态，了解评审结果信息，知悉社会专家评审状态；（3）使招标人掌握评标过程情况，有利于招标人对评标结果确认等。

案例启示：鉴于招标人评标代表在评标中所发挥的重要作用，招标人应高度重视评标代表选择与拟派。评标代表的产生应注意如下事项：（1）确保其始终代表招标人利益，在评标前对其进行必要培训；（2）评标代表信息及产生过程在评标前保密，参照随机抽取社会专家过程，自行确定评标代表产生时限，可采用签订保密责任书方式约束评标代表行为等；（3）建立针对评标代表产生过程的监督机制，以确保评标代表产生过程的严谨性；（4）对评标代表行为予以约束，避免出现与投标人私下接触等情形。此外，还有必要构建针对评标代表产生的制约监督机制，如请纪检监察部门介入或要求签订违法行为责任书和承诺书等。

### 8.1.4 项目调整与工程变更招标

#### 案例62 面对重大调整，是否需要重新招标?

某园林绿化景观工程分A、B两地块实施。其中，A地块占地约40公顷，B地块占地约80公顷。建设单位委托招标代理机构开展施工招标，两地块归属于同一个合同段。当项目施工进展到完成整个项目投资计划约三分之一时，B地块由于征地拆迁原因，土地手续办理出现问题。于是，建设单位向行政主管部门申请，终止了B地块绿化景观工程的实施，转而在距离B地块约2km的C地块实施新的绿化景观工程。而C地块恰好占地规模与B地块相当，其建设内容也与B地块十分相近。对于项目的这一重大调整，建设单位就C地块施工是否需重新招标，以及与原施工单位是否需要就此进行合同变更等问题听取招标代理机构的意见。招标代理机构认为：虽然C地块用地规模与B地块相当，且建设内容相近，但毕竟项目内容和环境均发生变化，有必要针对C地块内容重新招标，并就C地块由于用地手续原因导致不能交由原单位施工进行合同变更。

### 案例问题

问题1：B地块项目内容无法顺利实施，反映出招标实践中存在什么问题？

问题2：招标代理机构意见是否合理？如何科学推进该案例项目后续实施？

### 案例解析

解析问题1：建设项目土地手续是建设程序中极其重要的环节，是后续建设工程规划许可等各项手续办理的前置条件，也是项目开展各项招标的前置条件。本案例中，B地块未完成征地拆迁而导致项目无法正常实施，反映出招标实践中未取得前置建设手续条件下就盲目启动招标的现象普遍存在。

解析问题2：招标代理机构的建议是合理的。C地块建设内容未经招标则相关内容的结算缺乏依据且价格未经充分竞争。C地块建设内容未经招标，虽与B地块建设内容相近，但B地块交易价格不能作为C地块结算的依据。当项目工程变更规模大，如已达到原招标前标的规模的三分之二时，建设单位可终止与中标人签订的合同，并向中标人赔偿损失。针对C地块，可会同原A地块重新招标。假设B地块占地面积较小，如不足原标的20%时，则可无须重新招标，按原合同有关工程变更约定执行。

案例启示：虽然B地块与C地块的内容十分相似且用地规模相当，但只要项目建设内容发生较大变化，项目招标实施方案就需要重新考虑。项目出现颠覆性调整或体量占比较大的工程变更均可认为是项目不具备招标条件，正如本案例所示，盲目招标必然造成严重后果。

## 案例63 工程变更是否均需招标？

某地区新建政务办公楼项目，资金来源为政府全额固定资产投资。项目建筑面积约12万$m^2$，计划总工期为3年，建设单位聘请专业项目管理咨询机构实施全过程管理。由于工期紧迫，项目在未批复可行性研究报告的条件下就违规启动了施工总承包和监理招标，直到施工总承包单位完成本项目基础施工时，该地区发展改革部门才批复了项目可行性研究报告。

在项目刚完成结构封顶、即将开展外幕墙施工时，建设单位突然对项目设计方案做出重大调整，即在楼宇前端增加大型前厅结构，该结构采用钢结构外加玻璃幕墙采光顶形式。其中，前厅钢结构与建筑结构主体通过预埋件连接，与建筑主体一并开展结构受力计算。该新增前厅工程变更估算超过2000万元。建设单位认为：由于该新增工程涉及资金规模巨大，且为钢结构+幕墙形式，故应通过招标确定另一家施工总承包单位实施。而项目管理咨询机构则认为：应将钢结构和玻璃幕墙纳入现有施工总承包范围，并由现有施工总承包单位直接实施而无须再招标。对此，建设单位一时没了主意。

## 案例问题

问题1：该项目新增前厅工程变更涉及资金规模巨大，是否需要招标？

问题2：该案例反映出什么问题？建设单位后续应该怎么办？

## 案例解析

解析问题1：建设单位与项目管理咨询机构关于新增前厅工程招标的认识均是不正确的。钢结构、玻璃幕墙工程均属于房屋建筑“十大分部工程”。根据我国现行发承包管理的相关规定，建设单位不得直接发包。因此，案例中新增前厅工程应纳入项目现有施工总承包范围，并由其组织分包。但由于新增前厅工程的钢结构及玻璃幕墙与项目建筑主体相连，性质上属于项目建筑结构的组成部分，应由施工总承包单位开展结构施工，对于钢结构及玻璃幕墙结构涉及的材料，则可由施工总承包单位组织招标采购。

解析问题2：原则上，案例项目现阶段发生如此大规模的工程变更是不应该的，这表明项目前期工作存在不少问题，至少有关项目功能论证是不充分的。项目新增投资规模巨大且具有独立功能的前厅工程表明施工总承包招标并不具备成熟的前置条件。原则上，建设项目实施中如发生工程变更，则工程变更越早实施对项目后期施工影响越小。本案例项目工程变更涉及建筑主体结构，发包问题更需慎重考虑。若待项目建筑主体结构完成，且新增前厅工程仍有相当体量结构内容与原建筑主体连接时，建议直接实施工程变更，这是出于原建筑主体结构与新增前厅结构实施主体应保持一致的考虑。

案例启示：必须坚持项目单体主体结构由一家施工总承包单位施工的原则，是落实施工总承包责任制的重要前提。需指出，对于房屋建筑项目，并非任何工程变更均需招标，当新增工程为单位工程或分部工程时则可以招标，但当涉及建筑主体结构时，则应确保原施工主体不变，并就工程变更部分涉及材料或设备组织招标采购。

## 案例64 “技术标准与要求”，不能单独修改

在某大型新建办公楼项目施工招标中，招标人在审核施工总承包招标文件时发现有关“技术标准与要求”内容并不完善，于是进一步补充了较多的“技术标准与要求”内容，并要求招标代理机构尽快按其要求完善招标文件。而后，招标代理机构对招标文件“技术标准与要求”章节进行了完善，并发放了招标文件。

投标人A在阅读招标文件后发现，“技术标准与要求”章节内容超出招标人同步发放的设计成果范围，有些甚至与设计成果相冲突。不仅如此，投标人A还发现，招标人发布的工程量清单也与“技术标准与要求”多处内容不一致。在投标答疑环节，投标人A就此向招标人提出疑问。

### 案例问题

问题1：招标人对招标文件中“技术标准与要求”做出补充是否合理？

问题2：投标人A就此提出疑问是否合理？

### 案例解析

解析问题1：招标人对招标文件中“技术标准与要求”做出补充是对招标文件内容优化完善的表现，但是否合理要看其补充内容是否具有项目针对性、是否具有充分可靠的依据、是否与招标阶段其他技术、经济文件保持一致。由于招标文件依据施工图设计成果编制，其技术内容即“技术标准与要求”以及经

济内容即工程量清单及最高投标限价之间必须保持一致。本案例中，招标人仅在招标文件中补充技术内容是不够的。

解析问题2：投标人A就此提出投标疑问是合理的。这说明其确实认真阅读了招标文件，并发现了施工图设计、招标文件技术部分、工程量清单之间内容不一致问题。

案例启示：招标文件中有关“技术标准与要求”章节的编制应充分结合项目特征，内容描述必须与招标文件其他部分保持一致，尤其是确保与原施工图设计成果、工程量清单及最高投标限价内容的一致性。为确保招标文件“技术标准与要求”编制具备充足依据，不提倡在设计成果范围外或在缺乏设计依据条件下肆意补充内容，这必将导致招标阶段各文件内容的不一致性，使设计成果失去了招标前置条件作用。对于确需补充的“技术标准与要求”内容，应同步邀请设计单位把关。对能够纳入设计成果的，尽可能要求设计单位补充完善设计成果，并在此基础上整理完善招标文件的“技术标准与要求”章节内容，这同样有利于工程量清单编制单位依托设计成果完善经济文件。招标人在设计单位配合下完成招标文件“技术标准与要求”章节的编制，有利于项目技术与经济优化工作的开展。

案例追问：施工总承包招标文件有关“技术标准与要求”章节的核心内容是什么？一般该部分应由谁编制？

问题解析：招标文件中“技术标准与要求”章节核心内容包括：施工条件、承包范围、工期、质量、安全文明施工、安全保卫、临时保护、试验检验、工程变更、计量及竣工验收要求等。其中一些特殊内容还涉及材料、设备及新技术、新施工工艺等。从项目管理视角看，“技术标准与要求”在“标准招标文件”通用部分的约定主要立足施工视角，而专用部分可依托三维管理理念进行系统化的梳理补充。例如针对“过程”管理维度可补充项目建设手续办理、市政公用接驳、暂估价招标、设计协调与深化投资分析、技术经济论证要求等内容；针对“要素”管理维度可补充安全管理、档案管理、工程变更管理要求等内容；而针对“主体”管理维度则可补充与项目管理咨询机构、监理单位、设计单位及相关行政主管部门的协同要求等内容。

实践中，招标文件由招标人委托招标代理机构起草，鉴于技术部分内容的专业性，完整的“技术标准与要求”章节内容并非由招标代理机构独立编制。科学分工是：首先由招标代理机构根据招标人提供的资料先行编制完成初稿，并确保该部分与招标文件其他内容保持一致；而后，由项目管理咨询机构根据全过程管理需要对“技术标准与要求”予以补充，但侧重补充管理要求；最后，由建设单位确认。期间，设计单位有必要全面参与，协助开展确认工作。同时还应邀请工程量清单与最高投标限价编制的造价咨询机构进行审查，以消除招标阶段经济文件与“技术标准与要求”章节内容的不一致性。

## 案例65 招标人角色能不能“变”？

某高校新址建设项目，资金来源为政府全额固定资产投资，校方是建设单位。该项目已取得发展改革部门关于本项目可行性研究报告的批复，招标方案核准意见显示校方为该项目招标人。项目前期，校方以招标人角色组织完成了勘察、设计招标。而后由于种种原因，项目采用代建模式实施，即由地方教育行政主管部门作为代建单位的委托人，由专业项目管理咨询机构作为代建单位，而校方则作为使用单位，上述三方共同签订了代建委托协议。

在该建设项目施工总承包招标开始前，校方向代建单位提出：既然项目采用代建模式，理应由代建单位作为招标人组织开展后续招标活动，而校方角色已经转变为使用单位，不宜再作为招标人，也不应再承担招标人的任何责任。但代建单位认为：既然相关行政主管部门已经核准校方作为招标人，按照法律规定，招标人角色不能转变，校方仍应作为招标人且履行法定义务。对此，校方和代建单位出现分歧，项目施工总承包招标一度停滞。

### 案例问题

问题1：校方和代建单位关于招标人角色的观点谁更合理？

问题2：在代建模式下，面对招标活动组织与管理，建设单位应如何摆正角色？

问题3：建设项目中，代建单位主体地位存在哪些局限性？

### 案例解析

解析问题1：本案例中，显然代建单位的观点更合理。项目由校方发起立项并作为建设单位，行政主管部门核准校方为招标人，标志着该项目主体角色已经确定，且不因项目建设组织模式变化而改变。《招标投标法》指出，招标人是依照本法规定提出招标项目、进行招标的法人或者其他组织。因此，校方提出的招标人角色转变为代建单位缺乏法律依据。

解析问题2：在代建模式下，招标管理应秉承建设单位授权代建单位的原则。代建单位可在必要环节代建设单位履行法定义务、行使法定权利或承担法定责任，但并非所有责任、义务和权利均可交由代建单位行使，这需要依据法律规定具体分析。例如在开标中，招标人开标代表须由招标人拟派；在评标环节，招标人评标代表也应是招标人在职人员。此外，招标活动所有签章手续也须由招标人履行。

解析问题3：代建单位作为后期项目实际组织实施的管理单位，在我国现行建设体制下，其并非真正的项目法人或建设单位，无法完全行使建设主体权利、履行建设主体义务，更无法完全承担建设主体责任，而只能在建设单位授权范围内，有条件地组织开展管理活动。当前，有关代建单位法律地位在现行法律中仍未明确，代建管理服务和具体要求缺乏规制，这是造成代建模式难以广泛推行的根本原因之一。

案例启示：由于招标活动组织过程比较烦琐，且招标人往往承担较大责任。实践中，部分项目建设单位将自身招标人角色转移至其他方，并委托其他方全权代其组织招标或开展招标管理。应该说，这种做法违背了《招标投标法》的立法初衷，使建设单位无法依托工程招标构建管理协同局面，可能使得建设项目管理与实施过程脱节。为此，行政主管部门应加强对招标活动的监管，以避免招标人角色非法转换情形的发生。

## 8.2　延伸思考——实施全方位质量管理

工程招标作为法定强制缔约交易活动，由招标人发起并一般由招标代理机构代为组织，涉及工程、法律、经济等多个知识领域，全过程接受相关行政主管部门的监督。工程招标质量主要包含三个层面的含义：一是行政主管部门针对招标投标交易监管下建设市场的交易监管质量；二是建设单位针对建设项目管理下的商务质量；三是招标代理机构针对招标组织下的服务质量。推进工程招标全方位质量管理，就是从上述质量内涵出发，立足行政监管、建设管理和咨询服务三视角，从参与主体、过程事项和目标要素三个管理维度实施更加全面、系统的质量管理过程。工程招标全方位质量管理为工程招标高质量发展描绘出清晰的路径。

1.工程招标质量内涵与决定性因素

美国质量管理学家朱兰从顾客角度指出，“产品质量”就是产品适用性，即产品在使用时，能成功满足用户需要的程度。相关国家标准中关于“质量管理体系”的定义为：组织内部所建立的，为实现质量目标所必需的，系统的质量管理模式，是组织的意向战略决策。《质量管理体系 基础和术语》GB/T 19000—2016指出，质量是反映实体满足明确或者隐含需要能力的特性总和。从上述定义来看，招标代理服务作为产品，其质量可理解为满足招标人需求的程度。针对项目招标的质量管理，则是由招标代理机构内部建立的，为实现服务质量目标所必需的系统管理模式。从《质量管理体系 基础和术语》GB/T 19000—2016定义来看，工程招标质量因素是由其强制性、缔约性、程序性、时效性以及竞争性本质特性所决定的。

2.工程招标质量管理要义

（1）**合法保证要义**

这是由工程招标强制性、程序性特性所决定的。合法合规包括两层含义：一是其必须遵循以《招标投标法》为首的法律体系及相关行业标准规范；二是其服从相关行政主管部门的监管要求，接受各类监督检查等。

（2）**需求保证要义**

这是由工程招标缔约性特性所决定的。总体而言，招标人需求就是在工程招标中所要满足的招标人的利益诉求。其中科学管理是建设单位的根本利益诉求，对于政府投资建设项目而言尤为明显。要做好招标前各项准备，将管理要求纳入合同条款，充分提出系统的技术、经济、商务等方面的优选条件。

（3）**优选保证要义**

这是由工程招标竞争性特性所决定的。最优的投标是以竞争方式谋求最大程度响应招标要求来实现交易的最佳匹配，包括项目技术、经济和商务等方面的投标响应最优。

（4）**效率保证要义**

这是由工程招标时效性特性所决定的。时效性特性确保招标程序履行在一定时间内完成，即按照既定计划完成组织管理全过程并使效率最优。组织效率反映出工程招标的连贯性，而管理效率则彰显出招标策划的科学性。组织效率由管理效率决定，是管理效率的集中反映。

（5）**科学保障要义**

这是由缔约性、竞争性特性所决定的。所谓科学保障是指工程招标组织与管理必须创新咨询方法以确保质量目标的实现，例如针对典型问题的解决方案，针对重大风险的处置措施，依托信息化与新技术改善交易和服务过程，以及借助必要资源提升服务效能和采用科学管理方法改善招标质量等。

3.工程招标三维度质量管理

（1）**主体维度质量管理**

该维度质量管理是全方位质量管理的核心。因为质量管理的根本驱动力由针对项目主体的管理维度产生。从明确主体质量管理职责、权利、义务出发，行政主管部门以确保交易公平为导向，在宏观上把控招标质量管理方向；建设单位则以确保管理目标实现为导向，在中观上确立招标质量的实现路径；招标代理机构则以创新服务为导向，在微观上确保招标质量成效的显现。其中，有关招标代理机构质量管理体系部分主要内容详见表8。

**招标代理机构质量管理体系部分主要内容一览表** **表8**

| 管理举措 | 质量管理举措说明 | 质量管理文件体系 |
|---|---|---|
| 管理团队构建 | 明确质量管理角色、职责、分工，建立专门的质量管理团队 | 《质量职责说明书》《质量责任书》《质量承诺书》等 |
| 管理制度建立 | 针对主体、事项和要素三维度的质量管理构建完善的制度体系 | 《业务分类准则》《业务质量管理办法》《业务工作检查、监督与成果审核办法》《业务质量评价办法》《业务问题与风险处置办法》《业务档案管理办法》《业务质量评价与考核办法》《廉洁从业准则》《业务培训管理办法》《知识资源积累办法》《业务资源收集与应用办法》等 |
| 质量计划编制 | 针对年度或项目形成质量管理计划，明确具体质量管理内容、时间及质量管理目标等 | 《质量计划编制模板》《质量计划编制要点》等 |
| 质量文件审批 | 针对业务操作和质量管理文件的审批 | 《质量文件审批OA流程功能说明书》等 |

续表

| 管理举措 | 质量管理举措说明 | 质量管理文件体系 |
| --- | --- | --- |
| 业务体系确立 | 明确业务类型，内容、组成、范围、联系，形成有机体系，既有约束业务操作行为的，也有规范业务工作成果的。业务体系由一系列文件组成 | 示范文本类：《招标文件示范文本》体系、《资格预审示范文本》体系、《合同示范文本》体系、《通用制式表格文本》体系等；<br>成果编制类：《业务成果编制指南》《业务操作指南》《招标方案编制指南》《合约规划编制指南》《非法定招标项目操作指南》《异议投诉处置指南》《行政监管响应指南》等；<br>专项任务类：《评标方法编制指南》《设计任务书编制指南》《勘察任务书编制指南》《房屋建筑项目施工总承包招标范围界定指南》《重要材料与设备技术标准与要求指南》等；<br>典型问题类：《多标段定标指南》《业务准备工作指南》《业务沟通管理指南》《暂估价工程联合招标操作指南》《建设项目履约评价指南》等 |
| 质量工作检查 | 针对业务组织及管理的检查包括：操作行为和业务成果的检查，是面向过程及结果的，由一系列基准和具体要求组成 | 《业务操作行为与成果质量要求》《业务操作行为审查要点说明》《业务成果审查要点及说明》《业务监督操作指南》等 |
| 质量问题处理 | 针对项目提出问题并实施应对的过程。质量问题包括典型问题（风险）、常规问题（风险）和特殊问题（风险） | 《业务典型问题及风险清单》《业务典型问题及风险应对措施说明》《业务典型问题处置要点说明》等 |
| 质量事故处置 | 对质量事故进行分类、定义，明确事故属性，研判、分析、评估影响，形成处置对策措施及处置过程。需采取必要措施降低事故损失 | 《业务重大质量事故界定准则》《业务重大事故处置指南》《业务重大事故影响评估指南》《常见异议与投诉处置指南》《质量决策研商办法》等 |
| 招标管理评价 | 对业务组织和管理的评价，围绕质量要素，从业务组织管理、履约管理、企业管控三层面进行，是指导和改进业务的重要机制 | 《业务质量管理评价准则》《企业管理评价准则》《履约管理评价准则》等 |
| 实施项目归档 | 明确文档整理要求，形成业务组织与管理档案的过程 | 《业务文档整理与档案编制指南》等 |
| 质量管理分析 | 质量管理的分析、总结、统计旨在为实施质量管理决策、改进质量管理提供条件 | 《业务质量管理的统计分析要点》《业务操作与管理经验总结方法导则》《质量管理统计分析要点》等 |

续表

| 管理举措 | 质量管理举措说明 | 质量管理文件体系 |
|---|---|---|
| 实施质量考核 | 对管理主体实施考核的过程，需明确考核目标、方式方法等，包括针对业务及管理人员的奖惩等 | 《业务质量管理评价与考核办法》等 |
| 实施质量认证 | 实施ISO认证，明确认证中质量管理人员职责与工作要求 | 《质量体系认证指南》等 |
| 质量管理培训 | 依照质量管理计划，遵照质量管理制度，针对质量事项开展培训 | 《业务参考书目》《业务参考杂志》《业务参考规范标准》《业务常用法律法规》《业务咨询理论方法》《业务操作典型范例》《培训课程体系》等 |

（2）**事项维度质量管理**

该维度质量管理围绕招标过程事项展开，缔约成效通过履约得以验证。工程招标质量状态存在于过程和结果两个层面，结果质量由过程质量演变形成。而工程招标质量行为是两个层面的集中体现，包括行为检查和服务成果审核。在建设管理及咨询服务不同视角下，包括平级间交叉互检以及上级对下级监督检查。成果审核则包括同级间交叉互审以及上级对下级的监督审核。在检查或审核频率上，包括点检或点审，这是针对部分行为成果而进行的。此外，还包括全面检查与全面审核，也称为全检或全审，这是针对所有行为或成果而进行的。当然，无论是检查还有审核，其结果都需要持续改进，并针对改进后服务或成果实施复检复审，也可称为点复检或点复审。在实施质量管理中，有关替换性或补充性的意见均对检查或审核成果具有优化作用，因此，检查或是审核均可理解为是对各主体质量行为和质量成果的协同。

（3）**要素维度质量管理**

该维度质量管理面向诸如进度、成本、风险管理等。合理的时间计划至关重要，其包含在项目招标管理和实施方案中，通过编制方案以确保质量管理目标顺利实现。该维度管理核心所适用的思想主要是控制理论，即制定质量管理计划、实施质量保证（即制定质量管理基准）、明确管理程度和目标，根据过程纠偏，并循序渐进地完成整个控制过程。有关质量总控指标主要包括精细度、精密度、精准度、覆盖面、扩展度、定制度、偏差率、差异度、错误率、修正率、风险概率。有关质量主控指标主要包括满意度、信任度。有关质量管控评价指标主要包括计划合理性、准备工作成熟度、管理过程的科学度、管理改进程度、质量发展趋势、管理规范化水平、管理标准化程度、管理总体成熟度、可优化程度等。

4.工程招标质量管理主要指标

工程招标文档是反映工程招标质量管理的载体，质量管理很大程度上依托于文档的表现，表8中招标代理机构企业级质量管理体系就是由各类不同文档呈现的。有关面向工程招标活动组织与管理文档提出的质量管理主要指标详见表9。

**面向工程招标活动组织与管理文档的质量管理主要指标** **表9**

| 质量要求 | 相关说明 | 指标 |
|---|---|---|
| 真实性 | 客观反映工程招标组织管理过程的要求 | 核实率 |
| 准确性 | 满足并实现工程招标目标程度的要求 | 差错率、偏差度 |
| 完整性 | 对工程招标过程追求的全面性的要求 | 遗漏度 |
| 科学性 | 对实现工程招标的组织与管理规律的要求 | 交易绩效评估百分比 |
| 一致性 | 工程招标相同要素不同情况下的差异要求 | 一致性评估百分比 |
| 记录性 | 对工程招标组织与管理过程的跟踪要求 | 记录性评估百分比 |
| 逻辑性 | 工程招标各环节工作关联关系的要求 | 逻辑性评估百分比 |
| 合规性 | 工程招标遵守法律法规及符合监管的要求 | 合规性评估百分比 |
| 针对性 | 工程招标针对项目组织实施及管理的要求 | 针对性评估百分比 |

立足行政监管、建设管理和咨询服务三视角出发，构建工程招标质量管理的大体系，其中包含项目行政监管质量体系、建设管理质量体系和咨询服务质量体系。项目行政监管质量体系在三个体系中将发挥主导作用，而建设管理质量体系对其形成有力支撑，咨询服务质量体系则对工程招标管理质量体系形成有效协同。为确保体系形成有机整体，有必要从主体、事项和要素三维度入手，并以主体维度质量管理为核心，系统考虑事项和要素两维度所有招标质量影响的管理过程，唯有此，才能确保工程招标高质量发展。

# 参考文献


[1] 吴振全.高质量工程招标指南[M]. 北京：中国建筑工业出版社，2021.

[2] 王革平，吴振全.谈工程咨询行业高质量发展的能力建设[J].中国工程咨询，2020（2）：68-71.

[3] 吴振全.论招标活动在建设项目管理中的重要作用[J].中国工程咨询，2019（3）：56-58.

[4] 吴振全.浅谈政府投资建设项目的管理协同[J].招标采购管理，2019（4）：22-24.

[5] 吴振全.论工程建设项目管理知识领域的三维度[J].中国工程咨询，2018（8）：35-37.

[6] 吴振全，张建圆.工程招投标活动的突出问题与对策思路[J].招标采购管理，2019（12）：20-23.

[7] 吴振全.谈新时代招标代理业务变革的主要方向[J].招标采购管理，2019（6）：25-27.

[8] 吴振全.新时代政府采购代理业务转型的新思路[J].招标采购管理，2020（7）：44-46.

[9] 吴振全，朱迎春，张国宗，朱素平.房建工程项目设计管理若干问题的探讨[J].招标采购管理，2018（4）：72-75.

[10] 吴振全，张建圆.工程建设项目招标文件编审总体思路建议[J].招标采购管理，2020（6）：44-46.

[11] 张建圆，吴振全.工程建设项目暂估价招标文件编审探讨[J].招标采购管理，2018（11）：27-30.

[12] 吴振全.多标段招标条件下定标问题研究[J].建筑经济，2014（12）：22-24.

[13] 吴振全，张建圆.工程建设项目施工联合招标机制建立[J].招标采购管理，2017（2）：17-20.

[14] 刘芳.论工程咨询企业转型发展全过程工程咨询的策略[J].建筑科技，2021，5（3）：115-118.

[15] 刘芳，吴振全.我国工程造价咨询行业发展态势与相关建议——基于2011—2018年统计数据的研究[J].工程造价管理，2020（5）：50-55.

[16]（美）项目管理协会. 项目管理知识体系指南（PMBOK指南）（第六版）[M]. 北京：电子工业出版社，2018.

[17] 国家发展和改革委员会法规司，国务院法制办公室财金司，监察部执法监察司.中华人民共和国招标投标法实施条例释义[M]. 北京：中国计划出版社，2012.

[18] 财政部国库司，财政部政府采购管理办公室，财政部条法司，国务院法制办公室财金司.《中华人民共和国政府采购法实施条例》释义[M]. 北京：中国财政经济出版社，2015.